3D打印
技术与应用

■ 王丽霞　裘旭东　许慧珍◎主编

3D PRINTING TECHNOLOGY
AND APPLICATION

ZHEJIANG UNIVERSITY PRESS
浙江大学出版社
·杭州·

图书在版编目（CIP）数据

3D 打印技术与应用 / 王丽霞，裘旭东，许慧珍主编
. -- 杭州：浙江大学出版社，2025.1
ISBN 978-7-308-23881-6

Ⅰ.①3… Ⅱ.①王… ②裘… ③许… Ⅲ.①立体印
刷—印刷术 Ⅳ.①TS853

中国国家版本馆 CIP 数据核字（2023）第 100977 号

3D 打印技术与应用

王丽霞　裘旭东　许慧珍　主编

责任编辑	吴昌雷	
责任校对	王　波	
封面设计	周　灵	
出版发行	浙江大学出版社	
	（杭州市天目山路 148 号　邮政编码 310007）	
	（网址：http://www.zjupress.com）	
排　　版	杭州晨特广告有限公司	
印　　刷	杭州捷派印务有限公司	
开　　本	787mm×1092mm　1/16	
印　　张	10.25	
字　　数	243 千	
版 印 次	2025 年 1 月第 1 版　2025 年 1 月第 1 次印刷	
书　　号	ISBN 978-7-308-23881-6	
定　　价	35.00 元	

P R E F A C E 前言

　　落实党的二十大报告精神,行、企、校合作,以教促产、以产助教、产教融合,推进 3D 打印新技术新工艺的普及,切实提高人才自主培养的质量,着力培养创新创业型人才、能工巧匠、大国工匠,是本教材的编写宗旨。

　　第一次工业革命进入蒸汽时代,第二次工业革命进入电气时代,第三次工业革命进入数字化时代。全球制造业领域目前正在发生一系列深刻的数字化变革,将使现有制造业的生产模式发生颠覆性的变化,传统大规模、集中式和标准化的工业生产时代可能一去不复返,代之而起的将是家庭作坊式、分散化且满足个性化需求的工业生产模式,其中 3D 打印技术正是这场革命中引人注目的核心元素。

　　"3D 打印技术与应用"课程紧跟产业和行业的发展,是机械装备大类所有专业的专业课。对于工业设计,3D 打印技术不仅是对产品创新设计方案进行实物验证的重要手段,更为设计提供了新的思路和途径。

　　本教材与智慧职教平台上建立的工业设计专业国家教学资源库中的"3D 打印技术与应用"课程配套使用,内容载体形式多样,包括视频、动画、PPT 课件、数据文件、纸质教材,并配有大量的习题供学生自学和教师布置作业,读者扫描二维码即可观看,实现线上线下无空间无时间限制的学习和互动,并有线上辅导教师在线答疑解惑。

　　教材内容的安排,改变传统学科体系模式,以解决实际问题为学习目的,同时考虑了职业教育对理论知识的需要,实践和理论相结合,培养学生发现问题和解决问题的能力以及创新创业能力。教材内容包括 3D 打印技术的工作原理、发展史、分类及工艺特点、材料、打印参数的设置方法、常用打印机的操作

— 1 —

方法、打印件的后处理、一体化结构设计和利用 3D 打印技术创业的方向等内容。

本教材案例丰富、真实,讲解详细、生动、直观,是长期教研成果的积累,可作为职业院校学生的教材,亦可作为相关工程技术人员的参考书。

本教材编写得到诸多企业和专业技术人员的参与和支持,在此表示衷心的感谢!感谢深圳市创想科技有限公司、厦门斯玛特集团、杭州科捷模型有限公司、杭州喜马拉雅信息科技有限公司、浙江讯实科技有限公司、武汉易制科技有限公司、北京十维科技有限公司、杭州中测科技有限公司、杭州先临三维科技股份有限公司、广州原力智造科技有限公司等公司,感谢南极熊 3D 打印网等网络平台,感谢许亮、应建、占江涛、许奎和陈志华等专业技术人员。

由于 3D 打印技术在不断发展,教材中难免存在不足和偏颇之处。希望广大读者提出宝贵建议,以完善此教材,为广大从业者提供更多更好的帮助。

编者
2024.3

CONTENTS 目录

模块一
认识 3D 打印

知识目标:
- 了解 3D 打印技术的发展史;
- 掌握 3D 打印技术的成型原理与分类;
- 掌握 3D 打印件的成型原理;
- 掌握常用 3D 打印成型材料的特点。

技能目标:
- 具有丰富的空间设计思维能力;
- 会进行 3D 打印工艺种类的选择;
- 会进行 3D 打印成型材料的选择。

素质目标:
- 爱岗敬业、实事求是、勇于创新的工作作风;
- 精益求精、质量第一、规范操作设备的做事态度;
- 良好的表达和沟通能力。

单元一　3D 打印技术发展史

3D 打印技术发展史

一、3D 打印概念

3D 打印是快速成型(rapid prototyping)技术的一种,又称增材制造(additive manufacturing),它是一种以数字模型为基础,运用粉末状金属或塑料等可黏合材料,通过光固化、选择性激光烧结、熔融堆积等技术,使材料一点一点累加,以逐层打印的方式来构造物体的技术。

— 1 —

二、3D 打印发展历史

3D 打印技术的诞生并非一蹴而就，和其他革命性的技术一样，其也经过相当长的孕育期，这段时间大概是 1892—1988 年。1892 年，约瑟夫·布兰瑟（Joseph Blanther）在其专利（美国专利，专利号 473901）中首次提出使用层叠成型方法制作地图的构想。这一专利标志着增材制造的开端。

1940 年，佩雷拉（Perera）提出了与 Blanther 不谋而合的设想。他提出沿等高线轮廓切割硬纸板，然后层叠成型制作三维地形图的方法。

1972 年，日本人松原（Matsubara）在纸板层叠技术的基础上首先提出可以尝试使用将光固化树脂涂在耐火的颗粒上面，然后将这些颗粒填充到叠层，再将其加热后生成与叠层对应的板层，使光线有选择地投射到这个板层上，将指定部分硬化，没有扫描到的部分使用化学溶剂溶解掉，以此法使板层不断堆积，直到最后形成一个立体模型。这样的方法适用于制作传统工艺难以加工的曲面。

1977 年，美国的斯文森（Swainson）提出可以通过激光选择性照射光敏聚合物的方法直接制造立体模型，与此同时，Battelle 实验室的施韦泽（Schwerzel）也开展了类似的研究工作。

1981 年，名古屋市工业研究所的小玉秀男（Kodama Hideo）首次提出了一套功能感光聚合物快速成型系统的设计方案。

1982 年，查尔斯·胡尔（Charles W. Hull）试图将光学技术应用于快速成型领域。

1986 年，Charles W. Hull 成立了 3D Systems 公司，研发了著名的 STL 文件格式，STL 格式逐渐成为 CAD/CAM 系统接口文件格式的工业标准。

1988 年，3D Systems 公司推出了世界上第一台基于立体光固化技术（stereo lithography apparatus，SLA）的商用 3D 打印机 SLA-250，其体积非常大，Charles 把它称为"立体平板印刷机"（stereo lithography apparatus）。图 1-1-1 所示为 Charles W. Hull 与世界上第一台 SLA 商用 3D 打印机。尽管 SLA-250 身形巨大且价格昂贵，但它的面世标志着 3D 打印商业化的起步。

1988 年，斯科特·克鲁普（Scott Crump）发明了另一种 3D 打印技术，即熔融沉积技术（fused deposition modeling，FDM），并成立了 Stratasys 公司，如图 1-1-2 所示。

图 1-1-1

图 1-1-2

1989年，美国得克萨斯大学奥斯汀分校的卡尔·迪卡德（Carl Dechard）发明了选择性激光烧结技术（selective laser sintering，SLS）。SLS技术应用广泛并支持多种材料成型，例如尼龙、蜡、陶瓷，甚至是金属，SLS技术的发明让3D打印生产走向多元化。

1993年，美国麻省理工学院的伊曼纽尔·赛琪（Emanual Sachs）教授发明了三维印刷技术（three-dimension printing，3DP），3DP技术通过黏合剂把金属、陶瓷等粉末黏合成型。

1995年，快速成型技术被列为我国未来十年十大模具工业发展方向之一，国内的自然科学学科发展战略调研报告也将快速成型与制造技术、自由造型系统以及计算机集成系统研究列为重点研究领域之一。

1996年，美国的3D Systems、Stratasys、Z Corporation公司分别推出了新一代的快速成型设备Actua 2100、Genisys和Z402，此后快速成型技术便有了更加通俗的称谓——"3D打印"。

2002年，Stratasys公司推出Dimension系列桌面级3D打印机。Dimension系列价格相对低廉，主要是基于FDM技术，以ABS塑料作为成型材料，如图1-1-3所示。

图 1-1-3

2005年，Z Corporation公司推出世界上第一台高精度彩色3D打印机Spectrum Z510，让3D打印走进了彩色时代。

2007年，3D打印服务创业公司Shapeways正式成立。Shapeways公司建立起了一个规模庞大的3D打印设计在线交易平台，为用户提供个性化的3D打印服务，深化了社会化制造模式。

2008年，第一款开源的桌面级3D打印机RepRap发布，RepRap是英国巴恩大学安德里安·鲍耶（Adrian Bowyer）团队于2005年立项的开源3D打印机研究项目。得益于开源硬件的进步与欧美实验室团队的无私贡献，桌面级的开源3D打印机翻开了3D打印技术新的一页。

2009年，布雷·派蒂斯（Bre Pettis）带领团队创立了著名的桌面级3D打印机公司——Makerbot。图1-1-4所示为Makerbot团队。Makerbot的设备主要基于早期的RepRap开源项目，但对RepRap的机械结构进行了重新设计，发展至今，已经历了几代升级,在成型精度、打印尺寸等指标上都有长足的进步。

2012 年 10 月,Formlabs 公司发布了世界上第一台廉价的高精度 SLA 消费级桌面 3D 打印机 Form1(如图 1-1-5 所示)并引起了业界的重视。同期,国内由亚洲制造业协会联合华中科技大学、北京航空航天大学、清华大学等权威科研机构和 3D 行业领先企业共同发起的中国 3D 打印技术产业联盟正式宣告成立。国内关于 3D 打印的门户网站、论坛、博客如雨后春笋般涌现,各大报刊、网媒、电台、电视台也争相报道关于 3D 打印的新闻。

图 1-1-4   图 1-1-5

三、相关政策

为了加速促进 3D 打印产业的发展,各国政府出台了大量的政策性文件。

(一)国外

2010 年德国联邦政府制定了《高技术战略 2020》,"工业 4.0"的理念日趋清晰,其核心是通过"信息物理网络"(cyber physical systems,CPS)实现人、设备与产品的实时连通、相互识别和有效交流。通过"智能工厂"和"智能生产"实现人机互动,构建一个高度灵活的个性化和数字化的智能制造模式。3D 打印技术作为工业 4.0 中实现"智能生产"和"智能工厂"的重要路径,实现了信息流到物理实物的转变。

2011 年美国奥巴马总统出台了"先进制造伙伴关系计划"(AMP)。2012 年 2 月,美国国家科学与技术委员会发布了《先进制造国家战略计划》。2012 年 3 月,奥巴马宣布投资 10 亿美元实施"国家制造业创新网络"计划,全美制造业创新网络由 15 家制造业创新研究所组成,专注于 3D 打印和基因图谱等各种新兴技术,以带动制造业的创新和增长。这些战略计划均将增材制造技术列为未来美国最关键的制造技术之一。

(二)国内

2013 年 4 月,3D 打印首次入选国家高新技术研究发展计划(863 计划)和国家科技支撑计划制造领域 2014 年度备选项目征集指南。

2015 年 2 月工业和信息化部、国家发展和改革委员会、财政部联合公布了《国家增材制造产业发展推进计划(2015—2016 年)》。

2015 年 5 月 8 日,国务院正式印发了《中国制造 2025》。这份被认为是中国版的"工业4.0"发展规划,明确了在新一轮科技革命和产业变革的大背景下,中国主动应对全球产业竞争新格局和未来产业竞争新挑战的发展战略。3D打印出现在该规划的第一部分。

四、3D打印的产业链

3D打印产业链的上游包括原材料、核心硬件及3D扫描仪、3D打印软件等;中游为各打印技术类型的3D打印设备,主流的三大技术为FDM、SLA、SLS;下游为应用领域。3D打印应用广泛,现阶段主要应用于航空航天、医疗、汽车等领域,以制造业和医疗领域应用最为广泛。

五、展望和趋势

随着智能制造的进一步发展成熟,新的信息技术、控制技术、材料技术等不断被广泛应用到制造领域,3D打印技术也将被推向更高的层次。未来,3D打印技术的发展将更精密化、智能化、通用化,其发展趋势具体体现在如下几个方面。

(1)提升3D打印的速度、效率和精度,开拓并行打印、连续打印、大件打印、多材料打印的工艺方法,提高成品的表面质量、力学和物理性能,实现直接面向产品的制造。

(2)开发更为多样的3D打印材料,如智能材料、功能性材料、纳米材料、非均质材料及复合材料等,特别是金属材料直接成型技术有可能成为今后研究与应用的又一个热点。

(3)3D打印机的体积小型化、桌面化,成本更低廉,操作更简便,更加适应分布化生产、设计与制造一体化的需求以及家庭日常应用的需求。

(4)软件集成化,实现CAD/CAPP/RP的一体化,使设计软件和生产控制软件能够无缝对接,实现设计者直接联网控制的远程在线制造。

拓展3D打印技术在生物医学、建筑、车辆、服装等更多行业领域的创造性应用。

让"无拘无束地设计,随心所欲地制造"从梦想变为现实。

课后思考

(1)3D打印技术从无到有,又到蓬勃发展,其内在逻辑和外部条件是什么?

(2)3D打印技术的发展趋势是什么?

单元二 3D 打印成型原理与分类

3D 打印技术成型原理与分类

一、3D 打印系统的组成

3D 打印系统由硬件部分、软件部分和物化部分三部分组成,如图 1-2-1 所示。

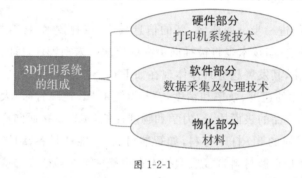

图 1-2-1

二、3D 打印基本原理

3D 打印基于"离散＋堆积"的思路,利用计算机构建零件的三维模型,然后将该模型按制造工艺所需的设定厚度进行切片分层,即将零件的三维数据离散成一系列的二维图形,并根据二维图形生成相应的扫描路径,最后通过数控系统将专用的材料按照熔化、烧结、挤压、光固化、喷射等方式逐层堆积,制造出三维零件,3D 打印基本原理示意如图1-2-2所示。

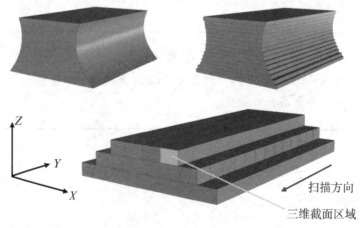

图 1-2-2

三、3D 打印的工作流程

3D 打印流程一般包括：数据获取、数据处理、3D 打印和后处理 4 个步骤。

第一步　数据获取

打印前首先需要产品的三维数据。获得三维数据的办法主要有 3 种：

（1）通过电脑制图软件（常用的建模软件有 CAD、3ds max、Solidworks、犀牛、UG、Proe、MAYA 等）直接建模。

（2）通过三维扫描仪获得。

（3）从网上直接下载或从其他地方获得。

第二步　数据处理

三维数据完成后，需要将数据用切片软件进行切片处理，转换为 3D 打印机能读取的命令文件，将整个模型切成一层层的运行数据，然后整合输出为打印机可识别的 .gcode 格式文件。常用切片软件有 Bambu Lab、Slic3r、Simplify3D 以及一些打印机自带的切片软件等。图 1-2-3 所示为 Bambu Lab 软件界面，在切片软件中，可以根据需求调整图形的大小、方向、内部填充度等，还可以控制调整打印机的运转温度、精度、速度等参数。

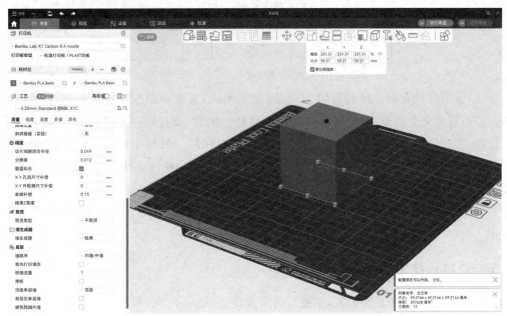

图 1-2-3

第三步　3D 打印

将切片数据导入打印机中进行打印，如图 1-2-4 所示。

第四步   后处理

去支撑、打磨、补土、上色等,如图 1-2-5、1-2-6 所示。

图 1-2-4   图 1-2-5   图 1-2-6

四、3D 打印技术的优劣势

与其他传统制造方法相比,3D 打印技术有着显著的五大优势,如图 1-2-7 所示。但目前仍存在如下劣势。

图 1-2-7

(1)运用材料有限。就目前的 3D 打印技术来说,其瓶颈问题不在于机器,而在于材料。想要得到某个模型,首先要有合适的原材料。比如,要打印一个塑料扳手,要有塑料原材料;要打印一个铁制的扳手,就要有铁粉作为原材料。虽然 3D 打印经过几十年的发展,已经将其材料库进行了很大的扩充,但还是不够。有一些特殊性能或高性能的材料还不能作为打印材料,这在一定程度上限制了 3D 打印技术的发展。

(2)不能运用到大规模生产。3D 打印速度较慢,导致其无法进行量产,还不适于商用。

五、3D 打印技术的分类

3D 打印技术按照成型方式,主要分为 7 大类。

(1)选择性激光烧结(SLS)。通过烧结,将粉末变成紧密结合的整体,在激光扫描下,通过一层一层叠加,最终形成的部件沉没在一堆粉末当中。使用材料为尼龙、PU 树脂等。

(2)选择性激光熔融(SLM)。利用高能光纤激光将金属粉末层层熔化叠加,形成三维零件。使用材料为钛合金、钴铬合金、不锈钢、铝合金等。

(3)熔融沉积式(FDM)。将丝状材料从加热的喷嘴挤出,按照零件每一层的预定轨迹,以固定的速率进行熔体沉积。使用材料为 PLA、ABS 等。

(4)三维印刷(3DP)。使用标准喷墨打印技术,将液态黏合剂喷涂在粉末薄层上,以打印横截面数据的方式,逐层创建叠加,创建三维实体模型。使用材料为石膏粉末等。

(5)立体光固化(SLA)。将特定波长与强度的激光聚焦到光固化材料表面,使之按由点到线、由线到面顺序凝固,完成一个层面的绘图作业;然后利用升降台在垂直方向移动一个层片的高度,再固化另一个层面,层层叠加构成三维实体。使用材料为光敏树脂。

(6)数字光处理(DLP)。与 SLA 技术比较相似,不过它是使用高分辨率的数字光处理器投影仪来固化液态光聚合物。使用材料为光敏树脂。

(7)LCD 光固化(LCD)。类似于 DLP 打印技术,但其不使用投影仪来产生图像,而是通过 LCD 液晶屏的偏转产生特定的图像。使用材料为光敏树脂。

课后思考

(1)简述 3D 打印技术的工作原理和分类。

(2)3D 打印技术的优缺点有哪些?

单元三　3D 打印成型材料

3D 打印成型材料有很多种:高分子材料,包括尼龙类、橡胶类、聚乳酸、聚碳酸酯等;金属材料,包括铝、钛合金、不锈钢等;光敏树脂材料,包括光固化环氧树脂、丙烯酸酯等;无机非金属材料,包括陶瓷、石膏、彩色砂岩等;生物材料,包括干细胞、生物细胞、硅胶等;新型 3D 打印材料,包括碳纳米管、石墨烯、高弹性材料等。新的材料一直在不断推出,比如 4D 打印材料等。在此,只介绍常用材料。

一、ABS

ABS(Acrylonitrile-Butadiene-Styrene)为丙烯腈(Acrylonitrile)、1,3-丁二烯(Butadiene)、苯乙烯(Styrene)三种单体的接枝共聚物,它的分子式可写为$(C_8H_8 \cdot C_4H_6 \cdot C_3H_3N)x$,是一种热塑性塑料。

材料形状:ABS 打印材料通常是细丝状,缠绕在转盘上,如图 1-3-1 所示。

图 1-3-1

材料特点:

(1)ABS 工程塑料外观为不透明、呈象牙色粒料,其制品可着成五颜六色,并具有高光泽度。ABS 相对密度为 1.05 左右,吸水率低。ABS 同其他材料的结合性好,易于表面印刷、涂层和镀层处理。ABS 的氧指数为 18~20,属易燃聚合物,火焰呈黄色,有黑烟,并发出特殊的肉桂味。

(2)ABS 有优良的力学性能,其冲击强度极好,可以在极低的温度下使用。ABS 的耐磨性优良,尺寸稳定性好,又具有耐油性,可用于中等载荷和转速下的轴承。ABS 的耐蠕变性比 PSF(Polysulfone,聚砜)及 PC(聚碳酸酯)大,但比 PA(尼龙)及 POM(聚甲醛)小。ABS 的弯曲强度和压缩强度属塑料中较差的。ABS 的力学性能受温度的影响较大。

（3）ABS 的热变形温度为 93～118℃，制品经退火处理后热变形温度还可提高 10℃左右。ABS 在 −40℃ 时仍能表现出一定韧性，可在 −40～100℃ 的温度范围内使用。

（4）ABS 的电绝缘性较好，并且几乎不受温度、湿度和频率的影响，可在大多数环境下使用。

（5）ABS 不受水、无机盐、碱及多种酸的影响，但可溶于酮类、醛类及氯代烃，受冰乙酸、植物油等侵蚀会产生应力开裂。ABS 的耐候性差，在紫外光的作用下易产生降解；于户外半年后，冲击强度下降一半。

二、PLA

PLA（Polylactice Acid，聚乳酸）是一种新型的生物降解材料，它的分子式可写为 $(C_3H_6O_3)x$，使用可再生的植物资源（如玉米）淀粉原料制成。淀粉原料经发酵制成乳酸，再通过化学合成转换成聚乳酸（PLA）。

材料形状：外观与 ABS 打印材料一样，通常是细丝状缠绕在转盘上。

材料特点：

（1）PLA 塑料是一种真正的生物塑料，将其掩埋在土壤里，30 天内在微生物的作用下可彻底降解生成 CO_2 和 H_2O，产生的 CO_2 直接进入土壤有机质或被植物吸收，不会排入空气中，不会造成温室效应。其缺点是脆性高，热变形温度低（0.46MPa 负荷下为 54℃），结晶慢。

（2）PLA 具有良好的拉伸强度及延展度，力学性能及物理性能良好。PLA 适用于吹塑、注塑、吸塑、压延等多种加工方法，加工方便，应用十分广泛。

（3）相容性与可降解性良好。PLA 在医药领域应用十分广泛，如可生产一次性输液用具、免拆型手术缝合线等，低分子 PLA 可作为药物缓释包装剂等。

（4）PLA 除了有生物可降解塑料的基本特性外，还具有自己独特的特性。PLA 和石化合成塑料的基本物性类似，可以广泛地用来制造各种应用产品。PLA 还有良好的光泽性和透明度。

（5）PLA 薄膜具有良好的透气性、透氧性，也具有隔离气味的特性。病毒及霉菌易依附在生物可降解塑料的表面，故有安全及卫生的疑虑，然而，PLA 是唯一具有优良抑菌及抗霉特性的生物可降解塑料。

（6）当焚化 PLA 时，其燃烧热值与焚化纸类相同，不会释放出氮化物、硫化物等有毒气体。

三、其他以 ABS/PLA 为基础的材料

Glow-in-the-Dark：夜光材料。通过在 PLA 或 ABS 中添加不同颜色的荧光剂，可以制造出绿色、蓝色、红色、粉红色、黄色或橙色的发光颜色。将这种材料暴露于光源下约 15 分钟，再拿到黑暗处，打印件就会发出光芒。

Wood：木质感材料。木质感材料可以打印出触感很像木材的模型。通过在 PLA 中

混合一定量的木质纤维,比如竹子、桦木、雪松、樱桃、椰子、软木、乌木、橄榄、松树、柳树等木质纤维,能生产出一系列的木质 3D 打印材料。但要注意,在 PLA 中掺入木质纤维后,会降低材料的柔韧性和拉伸强度。

Metal PLA / Metal ABS:金属质感 PLA/ABS 材料。是一种 PLA 或 ABS 与金属粉末混合的材料。将模型抛光后,看上去这些模型就像是用青铜、黄铜、铝或不锈钢制造出来的。这些金属粉末与 PLA、ABS 混合后的打印线材比普通的 ABS、PLA 重很多,所以手感更像金属。

Carbon Fiber:碳纤维材料。混合了碳纤维的 3D 打印线材在刚性、结构以及层间附着力方面都得到了令人难以置信的提升。但是这些优势也带来了巨大的成本提升。由于这种材料是研磨制成的,即使研磨得非常精细,打印时也会加大对喷嘴的磨损,特别是由类似黄铜等软金属制成的喷嘴,在打印 500g 后就可观察到黄铜喷嘴的直径变大了,需要及时更换喷嘴。

四、TPU

TPU(Thermoplastic Urethane)即热塑性聚氨酯弹性体。TPU 是由二苯甲烷二异氰酸酯(MDI)或甲苯二异氰酸酯(TDI)等二异氰酸酯类分子和大分子多元醇、低分子多元醇(扩链剂)共同反应聚合而成的高分子材料。分子式为 $C_{15}H_{10}N_2O_2 \cdot C_6H_{10}O_4 \cdot C_4H_{10}O_2 \cdot C_2H_6O_2$。按分子结构可分为聚酯型和聚醚型两种。

材料形状:粉末(50~100μm)和丝状。丝状与 ABS 打印材料一样缠绕在转盘上,如图 1-3-2 所示为四川墨分三维科技有限公司的 MOPHENE3D T90A 聚氨酯粉末。

图 1-3-2

材料特点:

(1)耐油、耐水、耐霉菌、耐磨。在 CS17 轮、1000g/轮、5000r/m 23℃的磨耗条件下,TPU 的磨耗量为 0.5~3.5mg。

(2)硬度范围广。通过改变 TPU 各反应组分的配比,可以得到不同硬度的产品,而且随着硬度的增加,其产品仍保持良好的弹性。

(3)机械强度高。TPU 制品的承载能力、抗冲击性及减震性能突出。

(4)耐寒性突出。TPU 的玻璃态转变温度比较低,在－35℃仍能保持良好的弹性、柔顺性和其他物理性能。

(5)加工性能好。TPU 可采用常见的热塑性材料的加工方法进行加工,如注射、挤出、压延等。同时,TPU 与某些高分子材料共同加工能够得到性能互补的聚合物。

(6)再生利用性好。

五、PA

PA(Polyamide)亦称尼龙(Nylon),是一种聚酰胺合成聚合物,是分子主链上含有重复酰胺基团—[NHCO]—的热塑性树脂总称,包括脂肪族 PA、脂肪—芳香族 PA 和芳香族 PA。

材料形状:粉末(PA11 和 PA12)和丝状(PA6),丝状与 ABS 打印材料一样缠绕在转盘上。

材料特点:

(1)机械强度高,韧性好,有较高的抗拉、抗压强度。其拉伸强度高于金属,压缩强度与金属不相上下,但它的刚性不及金属;抗拉强度接近于屈服强度,比 ABS 高一倍多;对冲击、应力振动的吸收能力强,冲击强度比一般塑料高。

(2)耐疲劳性能突出,制件经多次反复屈折仍能保持原有机械强度。常见的自动扶梯扶手、新型的自行车塑料轮圈等周期性疲劳作用明显的场合经常应用 PA。

(3)软化点高、耐热(如尼龙 46 等,高结晶性尼龙的热变形温度高,可在 150℃下长期使用。PA66 经过玻璃纤维增强以后,其热变形温度达到 250℃以上)。

(4)表面光滑,摩擦系数小,耐磨。作为活动机械构件时有自润滑性,噪声低,在摩擦作用不太高时可不加润滑剂使用。

(5)耐腐蚀,十分耐碱和大多数盐液,还耐弱酸、机油、汽油,耐芳烃类化合物和一般溶剂,对芳香族化合物呈惰性,但不耐强酸和氧化剂。能抵御汽油、油、脂肪、酒精、弱碱等的侵蚀,有很好的抗老化能力。

(6)吸水性差,尺寸稳定性差,抗低温能力差,抗静电性不好。

六、金属

金属打印材料有纯金属和合金,如不锈钢、马氏体实效钢、高温合金、钛/钛合金、铝合金、镁合金、钴铬合金、铜合金、银、黄金等。

材料形状:粉末与丝状。

材料特点:

(1)具有导电性和导热性。

(2)密度高、熔点高。

(3)硬度大。

(4)强度大。

(5)有良好的光泽。

七、光敏树脂

光敏树脂(Photosensitive Resin)由聚合物单体与预聚体组成,其中加有光引发剂,在一定波长的紫外光照射下会立刻引起聚合反应,完成固化。光敏树脂一般为液态,用于制作高强度、耐高温、防水等的材料。

光聚合反应:单体在光的激发下发生的聚合反应。

光固化:自由流动的液体通过接收光波辐射能量而发生化学反应,结合成长长的交联聚合物高分子。在键结时,聚合物由胶质树脂转变成坚硬物质。树脂材料的固化过程实际上就是光敏树脂在打印设备光源的照射下发生的聚合反应。

光敏树脂由 3 部分构成。

(1)光敏预聚体。这是指可以进行光固化的低分子量的预聚体,其分子量通常为1000~5000。它是材料最终性能的决定因素。预聚体主要有丙烯酸酯化环氧树脂、不饱和聚酯、聚氨酯和多硫醇/多烯光固化树脂体系几类。

(2)活性稀释剂。这主要是指含有环氧基团的低分子量环氧化合物,它们可以参加环氧树脂的固化反应,成为环氧树脂固化物的交联网络结构的一部分。

(3)光引发剂和光敏剂。光引发剂和光敏剂都是在聚合过程中起促进引发聚合的作用,但两者又有明显区别,光引发剂在反应过程中起引发剂的作用,本身参与反应,反应过程中有消耗;而光敏剂则是起能量转移作用,相当于催化剂的作用,反应过程中无消耗。

材料形状:一般为液态。

材料特点:

(1)黏度低。

(2)固化速率快、收缩小、固化程度高。

(3)高的光敏感性。

(4)溶胀小。

八、陶瓷

陶瓷 3D 打印在工业领域的应用不断增长,尤其是在航空航天、医疗和电子产品都有广泛应用。目前已经有多种陶瓷材料可以用于 3D 打印。

材料形状:陶瓷粉末、陶瓷膜、陶瓷膏料和陶瓷泥料。3D 打印用的陶瓷材料是陶瓷粉末和某些黏结剂或光敏树脂所组成的混合物。

材料特点:

(1)氧化铝(Al_2O_3)在高温下具有良好的机械性能,以及良好的导热性、绝缘性、优异的硬度、良好的耐磨性和耐化学性,常用于航空航天和生物医学行业。

(2)氧化铝-二氧化硅(Al_2O_3-SiO_2)通常用于生产铸件的型芯。二氧化硅材料中的氧化铝可以减缓结晶速度并降低型芯的机械阻力。

（3）氧化锆（ZrO_2）具有良好的耐热性和耐磨性，以及优异的硬度和化学稳定性。第一级氧化锆含有3%的氧化钇，在室温下具有优异的机械性能，是生产外科器械和牙科假肢（牙冠和牙桥）的理想选择。第二级氧化锆含有8%的氧化钇，由于其离子导电性，常应用于燃料电池。

（4）董青石（$2MgO \cdot 2Al_2O_3 \cdot 5SiO_2$）具有低导热性、低膨胀系数、低介电损耗和良好的耐热性，是非常理想的航空航天材料。

（5）磷酸三钙（TCP）的化学成分与骨骼相似，并且在体内可以被骨骼吸收，适合用来制作辅助骨骼愈合的固定夹板。

（6）羟基磷灰石（HAP）是钙磷灰石的矿物形式，其化学成分与骨骼相似，不会被人体吸收，是人工骨头的理想材料。

（7）氮化硅（Si_3N_4）是陶瓷3D打印材料中的新成员，是目前陶瓷3D打印材料中最坚硬、最耐磨的材料之一。此外还具有低密度、抗热震性、高温下的高机械性能和低热膨胀系数等优点，适用于航空航天领域，也适用于制作各种泵和阀门组件和半导体。

（8）熔融石英（SiO_2）也称为石英玻璃，是一种玻璃基材料，具有多种备受追捧的优点，例如高耐化学性和耐热性、高热膨胀系数和抗热震性、高抗辐射性和良好的透明度，在工业领域具有广泛的应用空间，比如用于生产太阳能应用的坩埚和涡轮叶片的核心。

（9）氧化铝增韧氧化锆（ATZ）是一种由氧化铝和氧化锆组合而成的材料，通过混合两种陶瓷，提高了材料的抗断裂性，非常适合生物医学应用，如矫形假肢。

（10）氮化铝（AlN）是最新的3D打印陶瓷材料之一，是具有出色导热性和电绝缘性能的陶瓷材料。其还具有全面的高机械性能，专为电子行业而开发，非常适合生产散热片等部件。

课后思考

（1）3D打印的材料目前有几类？都是什么？

（2）描述3D打印材料的发展趋势。

模块二

3D 打印成型工艺

知识目标：
- 掌握熔融沉积技术、光固化技术、选择性激光烧结技术、三维印刷技术、陶瓷打印技术的工艺特点；
- 掌握熔融沉积技术、光固化技术、选择性激光烧结技术、三维印刷技术、陶瓷打印技术的设备操作方法与维护要点。

技能目标：
- 具有丰富的空间设计思维能力；
- 会制定工作计划；
- 会根据各种 3D 打印工艺特点进行打印方法和材料的选择；
- 会操作常见的 3D 打印设备。

素质目标：
- 爱岗敬业、实事求是、勇于创新的工作作风；
- 精益求精、质量第一、规范操作设备的做事态度；
- 良好的表达和沟通能力。

单元一 熔融沉积技术

熔融沉积 3D
打印技术

一、熔融沉积 3D 打印技术简介

(一)工作原理

熔融沉积(FDM)又被称为熔丝沉积，是将丝状的热熔性材料进行加热融化，通过带有微细喷嘴的挤出机把材料挤出来。热喷头可以沿 X、Y 方向进行移动，工作台则沿 Z 轴方向移动(不同的设备其机械结构的设计不一样)。熔融的丝材被挤出后和前一层材料黏

合在一起。一层材料沉积后工作台按预定的增量下降一个厚度,然后重复以上的步骤,直到工件完全成型,如图 2-1-1 所示。

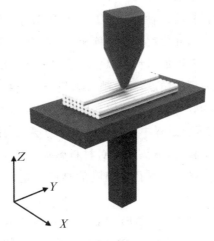

图 2-1-1

采用 FDM 工艺制作具有悬空结构的打印件时,需要制作支撑结构,如图 2-1-2 所示。否则会出现材料坠落现象,影响打印件表面质量,严重时会导致打印失败,如图 2-1-3 所示的小马的肚子下面因支撑设置得少,出现材料坠落现象。

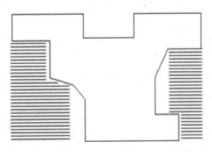

图 2-1-2

图 2-1-3

(二)材料

FDM 工艺对材料性能的要求:

(1)黏度低。低黏度的材料流动性好,阻力小,有利于材料的挤出。若材料的黏度过高,流动性差,将增大送丝压力,并使喷头的启停相应时间增加,影响成型精度。

(2)熔融温度低。低熔融温度的材料可以在较低温度下被挤出,减少材料在挤出前后的温差和热应力,从而提高原型的精度,延长喷头和整个机械系统的寿命。

(3)黏结性好。黏结性的好坏直接决定层与层之间的黏结强度,进而影响零件成型以后的强度,若黏结性过低,在成型过程中很容易造成层与层之间的开裂。

(4)收缩率小。在挤出材料时,喷头需要对材料施加一定的压力,若材料收缩率对压力较敏感,会造成喷头挤出的材料丝直径与喷嘴的直径相差太大,影响材料的成型精度,导致零件变形开裂。

FDM 工艺适用的材料非常广,有 ABS、PLA、金属质感的 PLA/ABS 材料(PLA 或 ABS 与金属粉末混合的材料)、木质感的 PLA/ABS 材料(在 PLA 中混合定量的木质纤维),以及巧克力、水泥等。

(三)工艺特点及影响打印质量的工艺因素

1.工艺优点

(1)原理简单,运行维护费用低。

(2)材料无毒,使用环境不受限制。

(3)无化学变化,制件的变形率小。

(4)原材料相对便宜,使用寿命长。

2.工艺缺点

(1)复杂结构需要支撑。

(2)表面条纹明显。

(3)垂直方向强度弱。

(4)成型时间长。

3.影响打印质量的工艺因素

(1)材料性能的影响。凝固过程中,材料的热收缩和分子取向的收缩会产生应力变形,从而影响打印件的精度。通过改进材料的配方,并在设计时考虑收缩量进行尺寸补偿,能够减小这一因素的影响。

(2)喷头温度和成型室温度的影响。喷头温度将直接决定材料的黏结性能、堆积性能、丝材流量以及挤出丝宽度,而成型室的温度会影响到成型件的热应力。这就需要根据丝材的性质来选择喷头温度,以保证挤出丝的熔融流动状态,同时还需要将成型室的温度设定得比挤出丝的熔点温度略低。

(3)填充速度与挤出速度的交互影响。挤出丝的体积在单位时间内与挤出速度成正比关系,当填充速度一定时,随着挤出速度的增快,挤出丝的截面宽度逐渐增加,当挤出速度增快到一定值,挤出丝粘附于喷嘴外圆锥面,将影响正常加工。若填充速度比挤出速度快,材料将填充不足,出现断丝现象,难以成型。因此需要使挤出速度与填充速度匹配。

(4)分层厚度的影响。通常情况下,实体表面产生的台阶将随分层厚度的减小而减小,表面质量将随着分层厚度的减小而提高,但是如果分层处理和成型的时间过长将影响加工效率。同理,分层厚度增大将使实体表面产生的台阶增大,降低表面质量,但是相对而言会提高加工效率。需要兼顾效率和精度来确定分层厚度,必要时可以通过后期处理来提高实体表面质量。

(5)扫描方式的影响。FDM扫描方式有螺旋扫描、偏置扫描以及回转扫描等,为了提高表面精度,简化扫描过程,提高扫描效率,可采取复合扫描方式,即外轮廓用偏置扫描,内部区域填充用回转扫描。

二、熔融沉积 3D 打印设备与操作

(一)打印机工作原理

较常用的有单喷头打印机和双喷头打印机。

熔融沉积桌面
打印机与操作

1. 单喷头打印机

将热熔性丝料缠绕在供料辊上,由步进电机驱动辊子旋转,丝料在挤出机构的作用下,向热喷头的喷嘴送出。在挤出机构和热喷头之间有一导向套。热喷头的上方有电阻丝式加热器,在加热器的作用下,丝料被加热到熔融状态,然后通过热喷嘴把熔融材料挤压到工作台上,材料冷却后便形成了工件的一个截面,如图 2-1-4 所示。

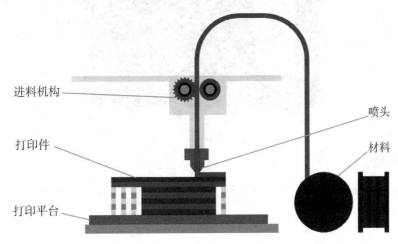

进料机构
喷头
打印件
材料
打印平台

图 2-1-4

2. 双喷头打印机

为了节省材料成本和提高成型效率,采用双喷头设计,即一个喷头负责挤出成型材料,另一个喷头负责挤出支撑材料。一般来说,用于成型的材料丝相对更精细一些,而且

价格较高,沉积效率也较低;用于制作支撑的材料丝相对较粗一些,而且成本较低,但沉积效率会更高些。支撑材料一般选用水溶性材料或比成型材料熔点低的材料,在后期处理时,通过物理或化学的方式能方便地把支撑结构去除干净。

(二)操作流程

常用的 FDM 打印机的操作流程如图 2-1-5 所示。

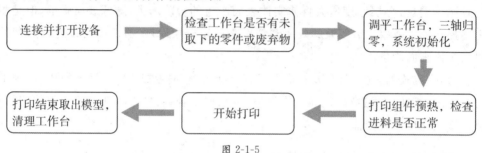

图 2-1-5

(三)打印机的结构组成和主要参数

1. 结构组成

以创想 CT-300 打印机为例,其结构组成如图 2-1-6 所示。

图 2-1-6

2. 主要参数

FDM 打印机的主要参数包括成型尺寸、打印层厚、打印精度和打印材料等,如表 2-1-1所示。

表 2-1-1 FDM 打印机的主要参数

参数名称	参数值	参数名称	参数值
成型尺寸	315mm×315mm×415mm	额定电压	输入:100~240V、50/60Hz
成型技术	FDM	电源输出电压	24V
喷头数量	1/2	额定功率	500W
打印层厚	0.1~0.4mm	热床最高温度	≤110℃
喷嘴直径	0.4mm	喷嘴最高温度	≤300℃
打印精度	0.05mm	断电续打	支持
打印材料	Φ1.75mm PLA、ABS、软胶、木材、含铜等	断料检测	支持
切片支持格式	STL、OBJ、AMF、BMP、PNG、GCODE	中英文切换	支持
打印方式	U盘打印/联机打印	电脑操作系统	XP、WIN7、WIN8、WIN10
可兼容切片软件	Repetier-Host、Cura、Simplify3D	打印速度	≤150mm/s、正常为 40~60mm/s

3.屏幕信息

(1)首页屏幕信息。首页屏幕信息如图 2-1-7 所示。

图 2-1-7

(2)屏幕信息(喷头、热床)。关于喷头、热床的设置屏幕信息如图 2-1-8 所示。

①喷头:

温度设置:根据材料设置喷头温度,PLA 一般为 195～210℃。

进料/退料:设置需要进料/退料的长度。

风扇:控制喷头左边的可控风扇开关。

②热床:

温度设置:热床温度的设置,PLA 一般为 45～55℃。

图 2-1-8

（3）屏幕信息（机器控制）。机器控制系统操作界面屏幕信息如图 2-1-9 所示。

图 2-1-9

(4)屏幕信息(设置)。系统设置操作界面屏幕信息如图2-1-10所示。

图2-1-10

(5)屏幕信息(模型打印)。模型打印操作界面屏幕信息如图2-1-11所示。注:请将文件命名为英文或数字,否则会造成显示出错。

图2-1-11

(四)打印操作

1.装载耗材

装载耗材需要4步操作:将喷嘴升温至200℃;将耗材装上料架;将耗材插入挤出机构;喷头出丝。如图2-1-12所示。(注:换料或使用进料/退料功能时需要加热喷嘴。)

图2-1-12

2.设备操作

首先在电脑上打开三维切片软件,导入模型源文件,设置参数,保存到 U 盘;然后将 U 盘插入打印机,在打印机操作界面选择文件、点击打印,如图 2-1-13 所示。

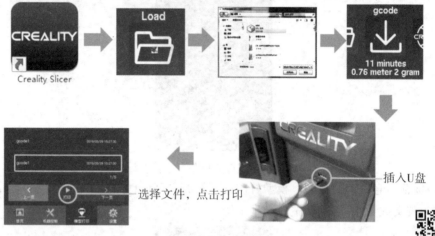

图 2-1-13

三、熔融沉积桌面 3D 打印机调平

为了打印的顺利进行,打印机的热床平台在打印前需要进行平台调平,以保证喷嘴和平台的距离在打印范围内一致。喷嘴与热床平台的距离太大,打印材料与热床平台粘接不牢,边缘会翘起;该距离太小,容易出丝受堵,导致工作台、工件和喷嘴处材料发生粘连。一般打印机有 3 种调平方式。

(一)手动调平

手动调平的操作步骤如下:

(1)按下旋钮→旋转旋钮→选择准备选项,如图 2-1-14 所示。

(2)选择"自动回原点",如图 2-1-15 所示。

图 2-1-14

图 2-1-15

(3)等待喷嘴移动至平台左前方,如图 2-1-16 所示。

图 2-1-16

(4)选择准备→关闭步进驱动,如图 2-1-17 所示。

图 2-1-17

(5)将 A4 纸放入喷嘴与平台之间,如图 2-1-18 所示。

图 2-1-18

(6)扭动平台底下的四个螺母调至 A4 纸有轻微划痕,如图 2-1-19 所示。

图 2-1-19

(7)依次按照此方法调整平台四个角,如图 2-1-20 所示。

图 2-1-20

(8)选择由存储卡、要打印的文件,如图 2-1-21 所示。

(9)待加热至设定温度后、开始打印,如图 2-1-22 所示。

图 2-1-21   图 2-1-22

(10)打印边线时,可以边打印边调平台底下的螺母,如图 2-1-23 所示。

图 2-1-23

(11)调至打印出来的丝为扁平状,如图 2-1-24 所示。

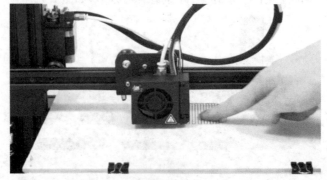

图 2-1-24

(二)半自动调平

半自动调平的操作步骤如下：

(1)按下旋钮、转动旋钮选择准备选项,如图 2-1-25 所示。

图 2-1-25

(2)选择回原点,如图 2-1-26 所示。

图 2-1-26

(3)等待机器回原点,如图 2-1-27 所示。

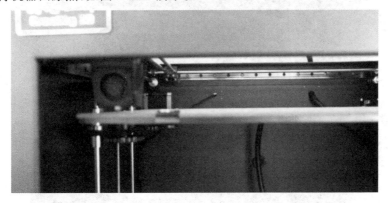

图 2-1-27

(4)在平台和喷嘴之间放一张 A4 纸,如图 2-1-28 所示。

图 2-1-28

（5）选择准备→调平→下一步，如图 2-1-29 所示。

图 2-1-29

（6）旋转平台下方的调平螺母，如图 2-1-30 所示。

图 2-1-30

（7）使喷头刚好在 A4 纸上产生淡淡的划痕，如图 2-1-31 所示。

图 2-1-31

— 28 —

(8)再次选择下一步,如图 2-1-32 所示。

图 2-1-32

(9)按照步骤依次调节其余的位置,如图 2-1-33 所示。

图 2-1-33

(10)将平台调节 2 到 3 遍,如图 2-1-34 所示。

图 2-1-34

(11)选择 SD 卡打印,如图 2-1-35 所示。

图 2-1-35

(12)选择需要打印的文件,按下旋钮,如图 2-1-36 所示。

图 2-1-36

(13)等待机器加热到预设温度后开始打印,如图 2-1-37 所示。

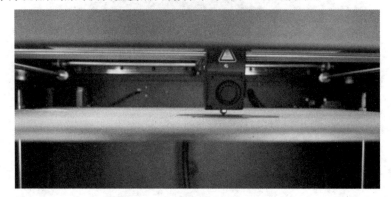

图 2-1-37

(三)自动调平

自动调平的操作步骤如下:

(1)把平台底部的四颗调平螺母稍微扭紧,如图 2-1-38 所示。

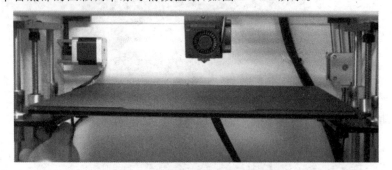

图 2-1-38

（2）点击设置，选择调平模式，如图 2-1-39 所示。

图 2-1-39

（3）机器启动，回原点位置，如图 2-1-40 所示。

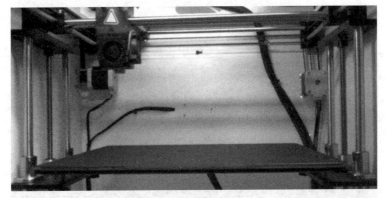

图 2-1-40

（4）将 0.2mm 塞尺放于喷嘴与平台间隙之间，如图 2-1-41 所示。

图 2-1-41

(5)若是喷嘴与平台间隙较大,在显示屏上点击 Z,如图 2-1-42 所示。

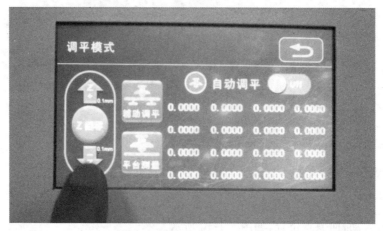

图 2-1-42

(6)调至喷嘴刚好接触到塞尺即可,如图 2-1-43 所示。

图 2-1-43

(7)调好后取出塞尺。

(8)观察喷头后面的自动调平装置提示灯是否亮起,如图 2-1-44 所示。

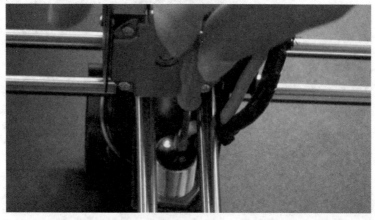

图 2-1-44

（9）若灯亮，用一字螺丝刀拧上面的螺丝。

（10）先逆时针旋转至灯灭，再顺时针旋转至灯亮。

（11）记忆当前调好的喷嘴与平台距离，如图2-1-45所示。

图 2-1-45

（12）再点击Z回零，如图2-1-46所示。

图 2-1-46

（13）检查喷嘴与平台的距离是否调好。

（14）距离调整好后点击平台测量，如图2-1-47所示。

图 2-1-47

(15)机器自动开始 16 点测量补偿调平,如图 2-1-48 所示。

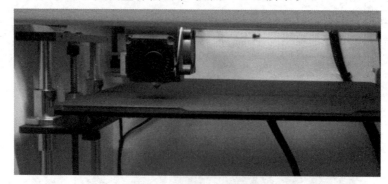

图 2-1-48

(16)点击打印→选择打印模型文件,如图 2-1-49 所示。

图 2-1-49

四、熔融沉积 3D 打印机堵头清理

熔融沉积 3D 打印机的喷嘴在使用时会出现出丝不顺和堵塞现象,需要及时清理。

(一)喷嘴堵塞的原因

(1)每次打印结束后,未及时清洁喷头,造成残料固化堵塞喷头。

(2)耗材线折损,在进料过程卡在导管中,影响正常进料。

(3)劣质耗材杂质多、易膨胀,影响喷头顺利出丝。

(4)喷头加热温度不达标,喷头无法出丝。

(二)清理方法一(通针清理喷嘴)

利用通针清理喷嘴的步骤如下:

(1)点击机器控制→选择退料→设置温度为 200℃,如图 2-1-50 所示。

熔融沉积 3D
打印堵头清理

图 2-1-50

(2)用手拿着耗材,等待挤出齿轮转动退出耗材,如图 2-1-51 所示。

图 2-1-51

(3)点击首页→重新设置喷头温度为 200℃,等待温度达到设定值(清理过程中不可降温)。

(4)将通针插入喷嘴,通干净里面的杂质(注意:手勿触碰到喷嘴,以免烫伤),如图 2-1-52 所示。

图 2-1-52

（5）设置进料长度参数：50 或 100，点击确定，如图 2-1-53 所示。

图 2-1-53

（6）将耗材掰直，如图 2-1-54 所示。

图 2-1-54

（7）将耗材插到挤出口位置，等待挤出齿轮把耗材卷进去、喷嘴出丝正常，如图 2-1-55 所示。

图 2-1-55

（三）清理方法二（清理喉管和更换喷嘴）

有时利用上述方法不能解决问题，则需要清理喉管和更换喷嘴，具体操作步骤如下：

(1)点击机器控制→选退料→设置温度为200℃,等待温度达到。

(2)设置退料长度参数:50或100,再点击确定。

(3)用手拿着耗材,等待挤出齿轮转动退出耗材,如图2-1-56所示。

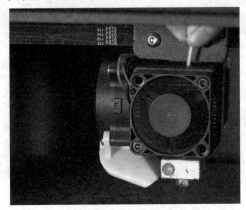

图 2-1-56

(4)点击首页→重新设置喷头温度为200℃,等待温度达到,清理过程中不可降温。

(5)拆卸固定风扇的两颗螺钉,如图2-1-57所示。注意:勿碰坏风扇叶,如图2-1-58所示。

图 2-1-57

图 2-1-58

(6)使用工具盒里的扳手套筒拧下喷嘴(注意:手勿触碰到喷嘴,以免烫伤),如图 2-1-59所示。

图 2-1-59

(7)再用内六角扳手拧开两颗螺钉(注意:先用短的一端拧松,以免把螺丝拧滑牙),如图 2-1-60 所示。

图 2-1-60

(8)然后用钳子取下喷头套件,再用扳手清理干净喉管内的杂质,如图 2-1-61 所示。

图 2-1-61

(9)清理干净喉管后,安装喷头套件(注意:两颗螺丝需要拧紧),如图 2-1-62 所示。

图 2-1-62

(10)换上新的喷嘴,用钳子固定加热块,再拧紧喷嘴(注意:喷嘴需要拧紧,避免打印中漏胶),如图 2-1-63 所示。

图 2-1-63

(11)安装风扇,拧紧两颗螺钉,如图 2-1-64 所示。

图 2-1-64

(12)点击机器控制→选择进料→设置温度为 200℃,等待温度达到。

(13)设置进料长度参数:50 或 100,再点击确定。

(14)将耗材掰直,然后插到挤出口位置,慢慢地等待挤出齿轮把耗材卷进去,喷嘴出丝正常即可,如图 2-1-65 所示。

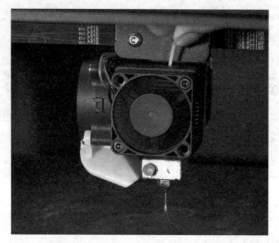

图 2-1-65

五、熔融沉积 3D 打印后处理

熔融沉积 3D
打印后处理

成型原理导致打印件表面有层次痕迹,需要进行后处理。

(一)后处理工具及材料

常用熔融沉积 3D 打印后处理工具及材料有平口铲、斜口钳(见图 2-1-66)、原子灰(见图 2-1-67)、3D 打印抛光液(见图 2-1-68)、补土专用刀(见图 2-1-69)、上色颜料(见图 2-1-70)等。

3D 打印抛光液:用于 3D 打印材料 PLA 或 ABS 模型的抛光处理,一步到位,短时间即可达到很好的抛光效果。PLA 打印件用水稀释过的亚克力胶水,主要成分是三氯甲烷或者氯化烷等混合溶剂。ABS 打印件用丙酮。

3D 打印模型上色颜料:适用于 3D 打印的 PLA、ABS、树脂等材质模型上色,色彩鲜艳,外观亮丽,易上色不容易脱落;并且可以防水,上色后静放 12 小时以上,让它自然风干,也可以用吹风机加速颜料凝固。

图 2-1-66

图 2-1-67

图 2-1-68

图 2-1-69   图 2-1-70

(二)后处理工艺

(1)用平口铲将打印件从打印平台上铲下。

(2)用斜口钳去掉毛刺、支撑,用砂纸打磨。

(3)补土。先用原子灰薄薄涂一层,将小孔和划痕填充平整,然后在 15 分钟后,再刮涂另一个薄层。干固时间:20℃温度下为 20 分钟,40℃温度下为 15 分钟,60℃温度下为 8 分钟。

> **注意:**一般使用薄涂层,如果使用厚涂层,干固时间就要比文中所述时间长,甚至在整个固化过程中都不会完全干固。

等模型完全干固之后,用细砂纸打磨即可。

(4)抛光液浸泡。将模型浸泡到抛光液中 3~10s 后取出,需在空气中自然干燥。

具体时间与材料的品质和打印层厚设置有关。PLA/ABS 材料品质越好,层厚越薄,抛光时间越短,效果越好。对于比较长的零件,可以先将零件的一半浸入抛光液中至抛光完成,干燥几分钟,等待已抛光的部分恢复硬度后,再将另一半浸入抛光液中继续进行抛光。

或者用笔刷直接涂抹。

抛光完成后不能直接触摸零件表面(零件表面变软),1~3min,待零件表面恢复硬度。

注意事项及使用要求:抛光液属于易燃品,使用过程中禁止吸烟,远离明火。有刺激性气味,建议戴上防护口罩操作。储存在阴凉处,远离热源、火源。每次使用适量(刚好把工作缸底部覆盖 1mm),不能倒过多。

(5)上色处理。用丙烯颜料。

喷漆:是当前 3D 打印产品主要上色工艺之一。因为油漆附着度较高,所以其适用范围比较广。在色彩光泽度上,受产品原镜面影响,光泽度仅次于电镀和纳米喷镀效果。

(6)其他工艺。

浸染:作为 3D 打印产品的上色工艺之一,只适用于尼龙材料。在颜色的多样性上,纯色浸染较为灰暗,以单色为主,且光泽度相比最低。虽然受材料和色彩的局限,但制作周期较短,30min 即可完成上色效果。浸染上色,造价成本上高于纯手工和喷漆,且最终产品外观效果一般。

电镀:利用电解原理,在某些金属表面上镀上一薄层其他金属或合金的过程,起到提高耐磨性、导电性、反光性、抗腐蚀性及增进美观等作用。在颜色上只有铬色、镍色、金色三种,且只适用于金属和 ABS 塑料。虽然在上色效果上会受到产品体积和形状的影响,但色彩的镜面光泽度极高,是纯手工、喷漆和浸染所不能达到的。电镀上色,成本最高,虽受材料和产品体积和形状的局限性影响较大,但产品外观效果很好。

镜面抛光:机械镜面抛光是在金属材料上经过磨光工序(粗磨、细磨)和抛光工序从而得到平整、光亮似镜面般的表面。

丝印:在 3D 打印样品上印字或图案。

水贴:适用于曲面不规则形体粘贴,色彩丰富的实色转印。

化学溶液镜面抛光:使用化学溶液进行浸泡,去除表面氧化皮从而达到光亮效果。

移印:在手板不平的面上印字或图案。

镭雕:为了透光,会在一件透明件上喷两层油漆,打掉一层,露出一层。

课后思考

(1)简述熔融沉积 3D 打印技术的工作原理。

(2)简述熔融沉积 3D 打印技术的优缺点。

光固化 3D
打印技术

单元二　光固化技术

一、光固化 3D 打印技术简介

(一)光固化 3D 打印技术工艺种类

光固化 3D 打印技术有多个工艺种类。主要有:

1.SLA 立体光固化成型技术

(1)工作原理

SLA 立体光固化成型,又称立体光刻、立体印刷、光造型。使用低功率紫外激光束,按照零件的分层截面,在光敏树脂液体表面进行逐点扫描,使被扫描的树脂薄层产生光聚合反应而固化,形成零件的一个薄层。随后工作台下移一个层厚的距离,在已经固化的树脂表面再敷上一层新的液态树脂后,继续下一层的扫描,直至完成整个零件,如图 2-2-1 所示。工艺流程如图 2-2-2 所示。

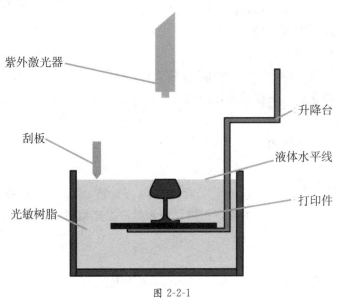

图 2-2-1

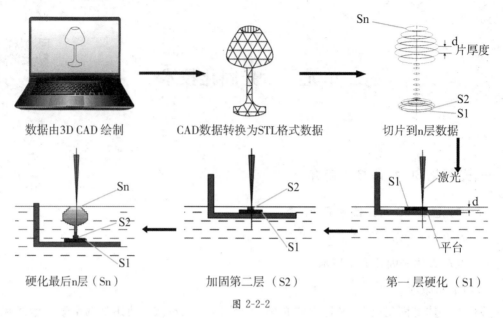

图 2-2-2

(2)工艺特点

①尺寸精度高,精度可以达到±0.1mm。

②表面质量优良。

③系统分辨率较高,可以制作结构比较复杂的零件。

④零件较易弯曲和变形,需要支撑。

⑤设备运转及维护成本较高。

⑥可使用的材料种类较少。

⑦光敏树脂具有气味和毒性,并且需要避光保存。

⑧光敏树脂固化后的零件较脆、易断裂。

⑨材料昂贵。

2.DLP 数字光处理技术

(1)工作原理

DLP(Digital Light Procession)即数字光处理,先把影像信号经过数字处理,然后再把光投影出来。使用高分辨率的数字投影仪来照射液态光敏树脂,逐层地进行光固化,每层通过幻灯片似的片状固化,如图 2-2-3 所示。

(2)工艺特点

目前主流的打印机光源波长 385~420nm。具有精度高、尺寸精度较高、表面质量好的特点。

无论打印尺寸如何,DLP 投影仪上的像素数都是相同的。这意味着与在同一 DLP 打印机上完成的较宽打印相比,较小和较窄的打印可以具有更高的精度。

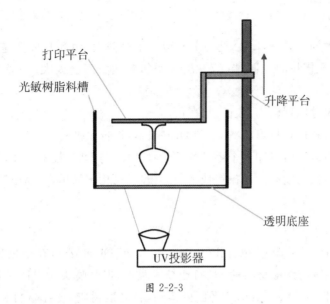

图 2-2-3

3.LCD 液晶屏选择性透光成像技术

（1）工作原理

利用液晶屏 LCD(Liquid Crystal Display)成像原理,由计算机程序提供图像信号,在液晶屏幕上出现选择性的透明区域,紫外光透过透明区域,照射树脂液槽内的光敏树脂耗材进行曝光固化,每一层固化时间结束,平台托板将固化部分提起,让树脂液体补充回流,平台再次下降,模型与离型膜之间的薄层再次被紫外线曝光,由此逐层固化上升打印成精美的立体模型,如图 2-2-4 所示。

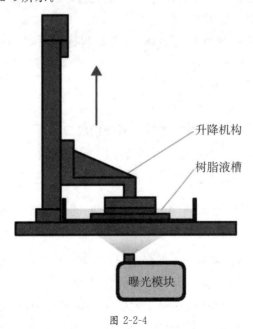

图 2-2-4

— 45 —

（2）工艺特点

与 SLA 最大的不同是，LCD 是一次成型一个横截面，因此其成型速度是 SLA 的 40 倍。但是局限于光模块的控制难度，一次成型的横截面不会太大，一般在 100 平方厘米左右。

①精度高，尺寸精度较高，表面质量好。

②价格低，对比前代技术的 SLA 和 DLP 机器，性价比极其突出。

③速度快，可以同时打印多个零件并不牺牲速度，与 DLP 技术一样，是面成型光源。

④结构简单，因为没有激光振镜或者投影模块，结构很简单，容易组装和维修。

4. MJP 技术

（1）工作原理

MJP（MultiJet Printing）也称 PolyJet。2000 年 Objet 公司在全世界首先推出此技术。PolyJet 的原理与熔融材料的 3D 打印技术类似，但其喷头喷出的是光敏树脂而不是熔融的塑料。工作时喷头在 $X-Y$ 平面内运动，将光敏树脂（支撑材料和实体材料）喷覆在工作台的基板上，在喷头运动系统上放置有一定波长的紫外灯，随喷头运动，将喷头喷射出的光敏树脂照射固化。第一层打印完成后，工作台沿 Z 轴向下运动一个打印层厚度的高度，喷头在 $X-Y$ 平面运动进行第二打层打印，如此重复进行，直至最终制件完成。

（2）工艺特点

①成型精度高，最高可以达到 $16\mu m$ 的层厚和 0.1mm 的精度，可以打印极其精细的制件和模型。

②简单快捷，可在办公室桌面上进行打印，因为打印机具有独特的光栅结构可快速固化成型，并可同时进行多个打印工作。

③适用范围广，可用的材料种类多样，能满足制件对材料颜色、种类和力学性能的需求。

④打印件力学性能低。

⑤耗材成本高。

⑥打印具有复杂结构的制件时需支撑材料辅助成型。

（二）成型材料

1. 材料特性

光敏树脂材料具有黏度低、流平快、固化速度快、固化收缩小、溶胀小、毒性小等特点。

2. 材料的存放要求

（1）对光的要求：由于材料对光非常敏感，应在存放处避免自然光、白光、紫外光的存在，一般情况下使用黄色 LED 光作为存放地的照明。

（2）对湿度要求：材料不能暴露在湿度大于 30% 的环境中，环境中的水一旦在材料表层凝结，将会在材料表面形成一层类似于水面上的油膜一样的水膜，将严重影响成型精度和效果。

（3）对温度的要求：光敏树脂要求保存在常温环境中，超过 35℃或者低于 20℃都会在一定程度上影响材料的光敏性。

(三)精度及效率

1.制作精度

光敏树脂在固化过程中会发生收缩，通常其体收缩率约为 10%，线收缩率约为 3%。树脂收缩主要由两部分组成：一部分是固化收缩；另一部分是当激光扫描到液体树脂表面时，由于温度变化引起的热胀冷缩，温度升高的区域面积很小，因此这种变化引起的收缩量极小，可以忽略不计。

光固化精度主要包括形状精度、尺寸误差和表面精度。其中形状精度有翘曲变形、扭曲变形、椭圆度误差和局部缺陷等；尺寸误差指成型件与 CAD 设计模型相比，在 X、Y、Z 三个方向上的尺寸相差值；表面精度为由叠层累加产生的台阶误差及表面粗糙度等，如图 2-2-5 所示。

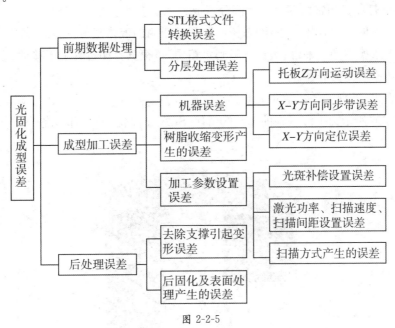

图 2-2-5

2.制作效率

（1）影响制作时间的因素

光固化快速成型是由固化层逐层累加形成的，成型所需要的总时间由扫描固化时间及辅助时间组成。成型过程中，每层零件的辅助时间与固化时间的比值反映了成型设备的利用率。

当实体体积越小，分层数越多时，辅助时间所占的比例就越大。比如大尺寸薄壳零件的制作，成型设备的利用率就较低。这种情况下，减少辅助时间对提高成型效率来说非常有利。

(2)减少制作时间的方法

针对成型零件的时间构成，在成型过程中，可通过改进加工工艺、优化扫描参数等方法，减少零件成型时间来提高加工效率，实际使用中通常采用以下2种措施：

①减少辅助成型时间。减少每一层加工过程中，工作台在 Z 轴方向的升降时间、树脂涂敷时间及等待树脂液面平稳的时间，可以减少成型中的辅助时间。

②选择层数较少的制作方向。零件的层数对成型时间的影响很大，对于同一个成型零件，采用不同的制作方向，成型时间差别很大。在保证质量的前提下，用快速成型方法制作零件时，应尽量减少制作层数。选择制作层数较少的制作方向，零件制作的时间会大大降低。

二、SLA光固化3D打印设备与操作

SLA光固化3D打印设备与操作

(一)打印机结构组成

SLA 3D打印机通常由四个主要部分组成：

(1)装有液体光聚合物的罐：液态树脂通常是透明的液体塑料。

(2)浸入水槽的穿孔平台：平台下降到水箱中，可根据打印过程上下移动。

(3)高功率紫外激光器。

(4)计算机，管理平台和激光运动。

如图2-2-6所示为上海联泰的Lite600HD SLA光固化3D打印设备。

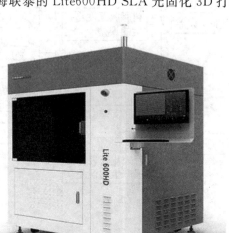

图 2-2-6

(二)设备基本参数

设备参数如表2-2-1所示。

表 2-2-1　设备参数

参数名称	参数值	参数名称	参数值
成型方法	SLA 光固化快速成型	实际功率	3.6kVA
运动速度	6～10ms/s	打印精度	±0.1mm
喷头温度	100	定位精度	≤±0.03mm
喷头流速	4m/s	层厚	0.05mm
喷嘴直径	振镜扫描	产品外形尺寸	1430mm×1310mm×2060mm
加热板温度	80	打印尺寸	600mm×600mm×400mm
输入电压	200～240VAC(V)(V)	适用原材料	光敏树脂

(三)注意事项

(1)打印机应放置在通风、阴凉、少尘的环境内。

(2)取打印件时,戴上手套后借助工具将打印件取下,清理时请勿直接用手触摸。

(3)请勿将打印机放置在振动较大或者不稳定的环境内。

(4)使用本机附带的电源线。

(5)常做设备维护,清洁机身。

三、LCD 光固化 3D 打印设备与操作

LCD 光固化 3D
打印机与操作

(一)打印机结构组成

LCD 3D 打印机通常由打印平台、料盘、打印屏幕等部分组成。如图 2-2-7 所示为深圳创想三维的创想 CT-005 光固化 3D 打印设备。

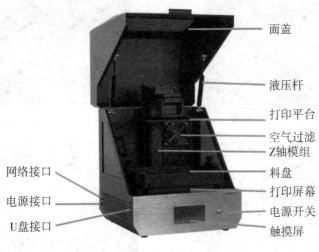

图 2-2-7

(二)设备基本参数

设备参数如表 2-2-2 所示。

表 2-2-2　设备参数

参数名称	参数值	参数名称	参数值
成型尺寸	192mm×120mm×200mm	额定电压	220V
成型技术	LCD	输出电压	24V/10A
X,Y 分辨率	75μm(2560×1600)	额定功率	120W
打印层厚	0.02mm	打印速度	6～18s/层
操作方式	4.3 寸触摸屏	光源配置	紫外线集成灯珠(波长 405nm)
Z 轴精度	±0.02～0.05mm(即层厚)	中英文切换	支持
打印材料	普通刚性光敏树脂	切片支持格式	STL
切片软件	3D Creator(中英)	设备净重	22.8kg
打印方式	U 盘打印/WIFI 打印/网线	电脑操作系统	XP、WIN7、WIN8、WIN10

(三)支撑设置

支撑设置的操作界面包括:

底板:对于底部接触面比较少的模型,建议加底板,使模型更好地粘在平台上。底板有多种形状可选择。

自动添加支撑:对于复杂的模型建议自动加支撑,但是仍需要自己进行检查修改。

支撑参数:根据模型,手动设置支撑的大小,也可以直接选"细""中""粗"进行添加。

(四)打印参数设置

打印参数设置流程如图 2-2-8 所示。

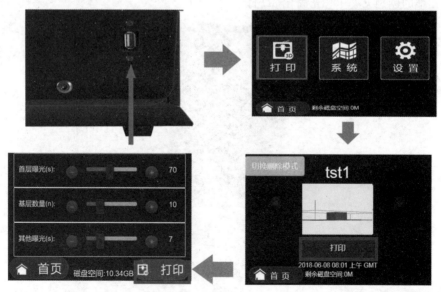

图 2-2-8

首层曝光:打印首层的曝光时间。这个参数决定了模型黏附平台的稳定性,根据模型大小和质量设置,一般为 60~80s。

基层数量:设置首层的层数。

其他曝光:打印其他层的曝光时间。一般为 7~12s。

(五)清理料盘

清洁料盘流程如图 2-2-9 所示。完成清洁料盘后,逆时针旋松料盘固定螺母,将料盘取出,用塑料铲清理表面的已固化树脂。(如有必要,可用清水或酒精清洗料盘)

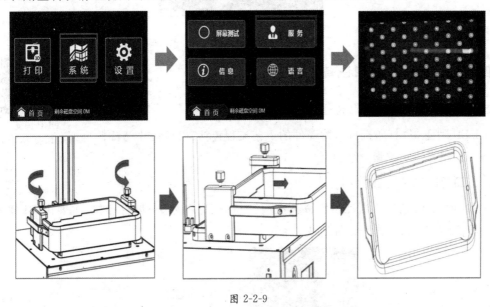

图 2-2-9

> **注意事项**:光敏树脂是一种对皮肤有刺激的环氧树脂,清洗打印成品或接触光敏树脂时,请务必戴上防护手套。如果皮肤直接接触光敏树脂或接触到眼睛,若引发皮肤过敏或者不适,请立刻用清水冲洗,如情况严重请及时就医。

(六)调平平台

打印平台出厂时已调平,若因运输或其他原因需要调平,可以用以下步骤进行打印平台调平。

(1)松动两个塑胶螺丝,如图 2-2-10 所示。

(2)取出料盘,如图 2-2-10 所示。

(3)先松 M5 机米顶丝,再松 M3 螺丝,如图 2-2-11 所示。降下打印平台,用一张 A4 纸垫在打印屏幕上,观察是否与屏幕上 A4 纸贴合。

如果屏幕上 A4 纸松动,调节 M5 机米顶丝,直到屏幕与 A4 纸贴合,再扭紧 M3 螺丝。

(5)控制 Z 轴上移,至合适位置,放入料盘,对准料盘两端螺孔后,旋紧两端的料盘固定螺丝如图 2-2-11 所示。

 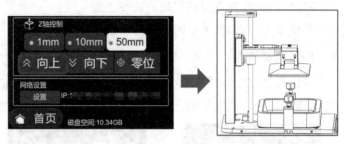

图 2-2-10   图 2-2-11

四、DLP 陶瓷 3D 打印设备与操作

DLP 陶瓷 3D 打印设备与操作

(一)DLP 陶瓷 3D 打印机打印陶瓷件的工艺流程

DLP 陶瓷 3D 打印机打印陶瓷件的工艺流程包括：模型切片→膏料制备→打印素坯→脱脂烧结。

(二)打印机结构组成

如图 2-2-12 所示为浙江迅实科技有限公司的 DLP 陶瓷 3D 打印机，主要由 DLP、刮刀旋转机构、料仓、工作平台等组成。

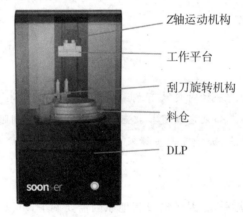

- Z轴运动机构
- 工作平台
- 刮刀旋转机构
- 料仓
- DLP

图 2-2-12

(三)设备基本参数

设备参数如表 2-2-3 所示。

表 2-2-3   设备参数

参数名称	参数值	参数名称	参数值
成型尺寸	64mm×40mm×200mm	电源电压	200～240VAC 50/60Hz
成型技术	DLP	供料方式	360 刮刀旋转供料

参数名称	参数值	参数名称	参数值
打印层厚	$10\mu m$、$20\mu m$、$50\mu m$、$100\mu m$	打印材料	氧化铝、氧化锆、二氧化硅、羟基磷灰石、陶土等
打印层厚	0.05mm	打印速度	$15\sim30s/Layer$

(四)操作步骤

(1)加料,将陶瓷膏料加入料仓,如图 2-2-13 所示。

(2)打印,设置打印参数,开始打印。打印时每打印完一层后刮板需要进行刮平操作,如图 2-2-14 所示。

图 2-2-13

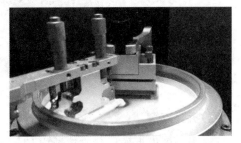

图 2-2-14

(3)打印完成,如图 2-2-15 所示。

(4)脱脂排胶、烧结,将打印件放入脱脂机里,如图 2-2-16 所示。设置温度制度、焙烧气氛和压力进行热处理。这个过程分为两个阶段:加热到 600℃脱去坯体中的有机物;加热到 1000℃以上,实现致密化,形成陶瓷。此阶段是晶粒长大、晶界形成、实现陶瓷强度的过程,决定着制品的最终性能,如图 2-2-17 所示。

(5)取出打印件,拆去支撑部分,如图 2-2-18 所示。

图 2-2-15

图 2-2-16

图 2-2-17

图 2-2-18

五、光固化 3D 打印后处理

成型原理导致打印件有表面层次痕迹和硬度低的问题,需要进行后处理。

SLA 光固化 3D
打印后处理

(一)清洗零件

打印件从打印机中出来时,表面会被未固化的树脂覆盖,在进行下一步
后处理之前,必须将其冲洗干净。使用超声波机,在超声波浴缸中注入足够的能浸没打印
件的异丙醇(IPA)或一定浓度的酒精,静置几分钟,如图 2-2-19 所示。

图 2-2-19

(二)拆除支撑

拆除附加到模型的树状支撑结构,手动拆除支撑是最快的方法。对于更复杂的部件,
使用平头切割器小心地剪断支撑件,在不损坏表面的情况下尽可能去除干净。使用这两
种方法,打印件上都会留下少量支撑。

(三)硬化

将打印件放到紫外线烤箱进行烘烤,提高硬度。

(四)打磨

用砂纸进行表面打磨、抛光,如图 2-2-20 所示。

图 2-2-20

(五)喷漆

表面喷漆处理,如图 2-2-21 所示。

图 2-2-21

课后思考

(1)光固化 3D 打印技术的工作原理是什么？

(2)光固化 3D 打印技术的优缺点有哪些？

选择性激光烧结
3D 打印技术

单元三　选择性激光烧结技术

一、选择性激光烧结打印技术简介

选择性激光烧结 SLS(Selective Laser Sintering)，Selective 代表选择性，由振镜系统完成烧结截面选区，Laser 代表激光，由高能激光器提供烧结能量，Sintering 代表材料的熔融状态。

(一)成型原理

激光器在计算机的控制下对材料粉末进行扫描照射，从而实现材料的烧结黏合，层层堆积实现成型。工艺过程：

第一步：铺粉滚筒从供粉缸送粉，将送粉缸中的原料粉末平铺到成型缸工作平面。

第二步：振镜系统控制激光束扫描截面轮廓内的粉末，使粉末温度升至熔点，粉末熔化，并与下层已成型模型实现黏结。

第三步：当前层截面烧结完成后，工作平台下降一个层的厚度，铺粉滚筒在工作平面上再次铺上一层均匀密实的粉末，进行新一层的烧结，直至完成整个模型。在成型过程中，未经烧结的粉末对模型的空腔和悬臂部分起着支撑作用，如图 2-3-1 所示。

(二)工艺特点

1.优点

(1)完全自支撑，可以在称为嵌套的过程中在其他部分内构建零件(具有高度复杂的几何形状)，而这些几何形状根本无法以其他任何方式构造。

(2)零件具有高强度和刚度。

(3)良好的耐化学性。

(4)各种精加工可能性(例如，金属化、炉搪瓷、振动研磨、浴缸着色、黏合、粉末、涂层、植绒)。

2.缺点

(1)SLS 打印件表面呈微孔状，必要时可以通过涂覆诸如氰基丙烯酸酯的涂层来密封。

(2)使用 SLS 技术制造完全封闭的空心结构是不合理的。因为这将造成打印件内未烧结的粉末不能排出。

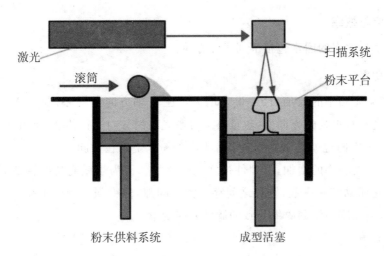

图 2-3-1

(三)常用成型材料

1. 金属基合成材料

金属粉末＋黏结剂

原型材料:不锈钢粉、还原铁粉、铜粉、锌粉、铝粉。

黏结剂:有机玻璃、聚甲基丙烯酸丁酯、环氧树脂、其他易于热降解的高分子共聚材料。

特点:硬度高、有较高的工作温度,可以用于复制高温模具。

注意: 这种金属粉末加工工艺,没有融化金属粉末本身,是靠加热黏合剂将金属粉末黏结的,因此又叫作"间接金属成型",以区分使用 SLM 技术 3D 打印成型的"直接金属成型"。

2. 陶瓷基合成材料

陶瓷粉末＋黏结剂

特点:比金属基硬度更高,工作温度也更高,也可用于复制高温模具。但工艺受到粉末铺设密度的限制,加工的陶瓷制品密度并不高。

3. 铸造砂合成材料

覆膜砂＋低分子量酚醛树脂

特点:之前主要用于低精度原型件铸造,近几年来,该技术成型精度越来越高,可以用于精密铸造领域。

4. 高分子粉末材料

所有热塑性材料都可以加工成粉末,通过 SLS 技术制作出各种用途的工件。目前在实际应用领域,热塑性高分子材料是 SLS 工艺应用最广泛的材料。

(四)精度与效率

影响精度与效率的因素包括下列 4 个方面:

1.激光功率

(1)随着激光功率的增加,尺寸误差增大。在 Z 轴方向的误差,要比 X、Y 轴方向的大。因为激光具有很强的方向性,热量只沿着激光束的方向进行传播,所以随着激光功率增加,导致 Z 轴方向也就是激光方向上有更多的粉末烧结在一起。

(2)随着激光功率的增加,原型件强度也会增加。因为当激光功率较低时,粉末颗粒只是边缘熔化而黏结在一起,颗粒之间存在大量间隙,使得强度不会很高。但是,激光功率一旦过大,会加剧因熔固收缩导致的制件翘曲变形。

2.扫描速度

(1)在扫描速度增大时,尺寸误差变大,制件强度变小。

(2)在扫描速度增大时,单位面积上的能量密度减小,相当于减小了激光功率,因此扫描速度对制件尺寸精度和性能的影响,正好与激光功率的影响相反。

3.激光烧结间距和光斑直径的确定

(1)当烧结间距过大,烧结的能量在平面上的每一个烧结点的均匀性降低,激光光斑中间温度高、边缘温度低,导致中间部分烧结密度高,边缘烧结不牢固,使烧结制件的强度减小。

(2)当烧结间距过小,制件的成型效率会严重降低,时间变长。

4.单层厚度

(1)随着单层厚度的增加,烧结制件的强度减小。

(2)随着单层厚度的增加,需要熔化的粉末增加,向外传播的热量减少,使得因熔固收缩导致的尺寸误差变大。

(3)单层厚度增加对成型效率有很大的影响,单层厚度越大,成型效率越高。

二、SLS 打印设备与操作

(一)设备硬件系统

SLS 打印硬件系统由多个设备组成:打印主机、水冷机、喷砂机、吸尘器、清粉台、混料机、制氮机、空压机等。

SLS 打印设备
与操作

1.打印主机

以 Farsoon SS403P 为例,如图 2-3-2 所示。设备的各项参数为:最大成型空间为 400mm×400mm×450mm;使用高精度三轴扫描振镜;二氧化碳激光器最大功率 100W;扫描速度最高达 15.2m/s;铺粉厚度在 0.06~0.3mm 可调;开源参数调节,可实时修改建造参数。可使用尼龙粉末系列材料。

图 2-3-2

设备主控面板如图 2-3-3 所示。设备仪表面板如图2-3-4所示。

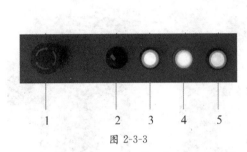

图 2-3-3

1—设备急停按钮;2—腔室照明开关;
3—系统启动开关;4—激光启动指示
灯;5—安全门指示灯

图 2-3-4

1—氮气总减压阀调节旋钮;2—氮气总减压阀显示
表;3—工作腔压力表;4—红外传感器氮气流量表;
5—激光窗口氮气流量表;6—激光水冷流量表

2.水冷机

用于激光器的降温散热,如图 2-3-5 所示。

3.喷砂机

用于模型的精细清粉,如图 2-3-6 所示。

4.工业防爆吸尘器

用于设备的维护、清粉和除尘,如图 2-3-7 所示。

5.清粉台

用于打印包的拆包,如图 2-3-8 所示。

6.混料机

用于打印材料的混合配备,如图 2-3-9 所示。

图 2-3-5　　　　　　　　　　图 2-3-6

图 2-3-7　　　　　　图 2-3-8　　　　　　图 2-3-9

7.制氮机

SLS工艺设备在高温下运行,为防止材料高温燃烧,需要惰性气体保护环境。SLS工艺的惰性气体通常为空气中的氮气,由外置的制氮机进行制备或者使用氮气瓶,如图2-3-10所示。

8.空压机

产生高压空气,用作制氮机和喷砂机的高压气源,如图 2-3-11 所示。

图 2-3-10　　　　　　　图 2-3-11

(二)设备操作

1.操作安全

在操作设备时需配备防尘口罩和手套。口罩可有效防止吸入粉尘;手套可有效防止金属及纤维渗入毛孔,避免皮肤过敏、身体不适。

2.设备运行的控制软件

除硬件设备外,SLS打印设备在工作时还需要控制软件的支持:

一是模型的排包软件,可实施模型文件的排包、工艺参数编辑和打印预览及评估。

二是设备电脑端的控制软件,用于控制设备运行的各项操作。

3.设备开机流程

粉末准备,原料粉末通常为三种粉末的混合粉:新粉(全新的粉末)、余粉(建造后回收的粉末)、溢粉(铺粉过程中铺满成型面后溢出的粉末)。粉末配比:新粉、余粉、溢粉 2∶2∶1,将新粉、余粉、溢粉称重后,倒入混粉机混合30分钟,使三种粉末充分混合,然后装入设备的供粉缸中。

开机准备,对设备进行清理,清理对象为:溢粉缸、观察窗、平光镜、红外测温探头、铺粉滚筒以及工作平面。每次开机前务必清理平光镜和红外测温探头。

设备开始运行后,需着重检查三项内容,以确认进入建造的预热阶段:检查加热管的加热情况、水冷机的运行情况和氮气的供应情况。

4.打印

设置工艺参数,并进行打印预览及评估,如图 2-3-12 所示。开始打印,铺一层粉(如图 2-3-13 所示),烧结一层(如图 2-3-14 所示)。

图 2-3-12   图 2-3-13   图 2-3-14

(三)工作后的设备整理

打印工作完成后关闭制氮机和空压机;使用防爆吸尘器对设备进行吸尘、清理、各个缸体回位;设备关机。

三、SLS打印后处理

设备建造完成后,即进入后处理环节,后处理环节主要包括:取包,清粉、喷砂,后处理工艺。

SLS 打印
后处理

(一)取包

使用取包工具将打印包从设备的成型缸内取出,并将打印包转移到清粉台,如图 2-3-15所示。

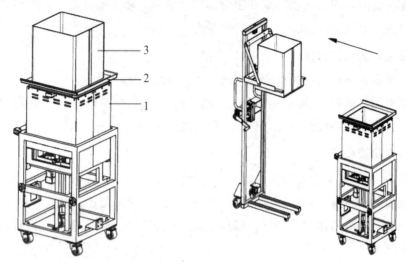

图 2-3-15

1—成型缸;2—定位座;3—储粉罩

(二)清粉、喷砂

在打印包完全冷却后,在清粉台上将打印包拆解开,取出模型,并进行粗略清粉,然后将模型转移到喷砂机中,用高压气流进一步精细清粉。

使用喷砂机的注意事项:

(1)工作前必须穿戴好防护用品,不准赤裸膀臂工作;工作时不得少于两人。

(2)储气罐、压力表、安全阀要定期校验。储气罐两周排放一次灰尘,砂罐里的过滤器每月检查一次。

(3)检查通风管及喷砂机门是否密封。工作前 5 分钟,须开动通风除尘设备,通风除尘设备失效时,禁止喷砂机工作。

(4)压缩空气阀要缓慢打开,气压不准超过 0.8MPa。

(5)喷砂粒度应与工作要求相适应,一般在十至二十号之间适用,砂粒应保持干燥。

(6)喷砂机工作时,禁止无关人员接近。清扫和调整运转部位时,应停机进行。

(7)禁止用压缩空气吹身上灰尘或开玩笑。

(8)工作完成后,通风除尘设备应继续运转 5 分钟再关闭,以排出室内灰尘,保持场地清洁。

(三)后处理工艺

根据模型制作的需要,对打印件进行打磨、拼接、喷漆、上色、涂脂、电镀、热矫正、拼接等后处理工艺,最后得到最终的模型。

课后思考

(1)激光选择性烧结 3D 打印技术的工作原理是什么?

(2)激光选择性烧结 3D 打印技术的优缺点有哪些?

三维印刷 3D
打印技术

单元四 三维印刷技术

一、三维印刷 3D 打印技术的工作原理

三维印刷 3D 打印技术又称三维粉末黏结(Three Dimensional Printing and Gluing，3DP)、黏结剂喷射(BJ)技术。工作原理：喷头在电脑控制下，按照模型截面的二维数据运行，选择性地在相应位置喷射黏结剂，最终构成层。在每一层黏结完毕后，成型缸下降一个等于层厚度的距离，供粉缸上升一段高度，推出多余粉末，并由铺粉辊推到成型缸，铺平并压实。如此循环，直至完成整个物体的黏结。如图 2-4-1 所示。

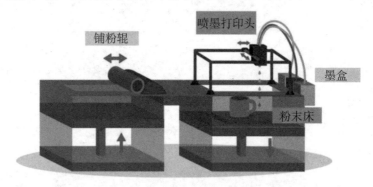

图 2-4-1

二、三维印刷成型材料

材料主要是粉末材料，如陶瓷、金属、石膏、塑料等粉末。UV 光固化胶、硅胶为黏结剂。

三、三维印刷成型技术的工艺特点

(一)优点

(1)不需要激光器等高成本元器件。成型速度非常快(相比于 FDM 和 SLA)，耗材很便宜，一般的石膏粉都可以。

(2)成型过程不需要支撑，多余粉末的去除比较方便，特别适合于做内腔复杂的原型。

(3)最大优点是能直接打印彩色，无须后期上色。目前市面上打印彩色人像基本采用此技术。

(4)3DP 的喷头可以进行阵列式(2D array)扫描而非激光点扫描，因此打印速度快，

能够实现大尺寸零件的打印。

(二)缺点

(1)强度较低,只能做概念型模型不能做功能性试验。

(2)因为是粉末黏结在一起,所以表面手感稍有些粗糙。

四、三维印刷3D打印技术应用领域

(一)全色彩

该应用领域有艺术品设计、建筑与家居设计、地理空间展示、医疗协助、教育教学等,如图2-4-2所示。

(二)金属成型

使用3DP打印金属的技术被ExOne公司和武汉易制科技有限公司商业化。ExOne公司制造的产品材料包括金属、石英砂和陶瓷等多种工业材料,其中金属材料以不锈钢为主。当利用3DP技术制造金属零件时,金属粉末被一种特殊的黏结剂黏结成型,然后从3D打印机中取出,放到熔炉中烧结得到金属成品。如图2-4-3所示为武汉易制科技有限公司打印的金属鞋模样件。

(三)砂模铸造成型

砂模铸造成型是一种间接制造金属产品的方式。利用3DP技术用砂制成模具,用于传统工艺的金属铸造。专门用3DP技术生产模具的公司有德国的VoxelJet、武汉易制科技有限公司。VoxelJet生产的设备能够用于铸造模具的生产。如图2-4-4所示为武汉易制科技有限公司打印的砂型样件。

图2-4-2　　　　　　　　图2-4-3　　　　　　　　图2-4-4

课后思考

(1)三维印刷3D打印技术的应用领域有哪些?

(2)根据三维印刷3D打印技术的特点,设计一款产品。

陶瓷 3D 打印
技术

单元五　陶瓷 3D 打印技术

一、陶瓷 3D 打印技术概述

为什么要研究陶瓷 3D 打印呢？普通陶瓷材料采用天然原料如长石、黏土和石英等烧结而成，是典型的硅酸盐材料，主要组成元素是硅、铝、氧，这三种元素占地壳元素总量的 90%，普通陶瓷来源丰富、成本低、工艺成熟，具有优良的高温性能、高强度、高硬度、低密度、好的化学稳定性，使其在航天航空、汽车、生物等行业得到广泛应用。而陶瓷难以成型的特点又限制了它的使用，尤其是复杂陶瓷制件的成型均借助于复杂模具来实现。复杂模具需要较高的加工成本和较长的开发周期，这种状况越来越不适应产品的更新换代。采用快速成型技术制备陶瓷制件可以克服上述缺点。

由于模具的制造成本很高，传统的制造模式（注塑成型）是一个启动成本很高的工艺，对于某些小型企业而言可能是无法克服的障碍。但是，一旦制造出模具，每次注入的"注射料"的成本则非常低。陶瓷 3D 打印不同于注塑成型，它是一个一步成型的工艺，成品零件直接从打印机中取出，意味着没有阻碍性的启动成本。

二、陶瓷 3D 打印工艺种类

陶瓷 3D 打印工艺有：光固化陶瓷 3D 打印技术（LCD、DLP）、分层实体制造（LOM）、形状沉积成型（Mold-SDM）、熔化沉积造型（FDM）、陶泥挤出式盘筑成型（CDM）、选择性激光烧结（SLS）、喷墨打印法（IJP）等。

使用这些技术打印得到的陶瓷坯体经过高温脱脂和烧结后便可得到陶瓷零件。根据成型方法和使用原料的不同，每种打印技术各有自己的优缺点。

（一）光固化陶瓷 3D 打印技术（LCD）

LCD 是低温 3D 打印成型的先进陶瓷制备方法，可以在基板上成型复杂的几何形状，可用于制造高性能陶瓷的复杂构件。适配材料多样，包括氧化铝、氧化锆、氧化硅、氮化铝、氮化硅、羟基磷灰石等陶瓷材料与光敏树脂的混合液体。国内的主要研发公司有北京十维科技。打印流程如下：

1. 浆料制备

浆料制备是一个比较复杂的过程。先将陶瓷树脂和陶瓷粉体按比例称取，然后与球磨珠一起倒入球磨罐中，根据设定的转速与时间球磨，得到陶瓷浆料。

2. 打印成型

将调配好的陶瓷浆料倒入陶瓷 3D 打印机的打印材料槽中，进行光固化成型。

3.脱脂排胶

将打印完成的陶瓷模型在低温炉中排除树脂(环境空气脱脂、埋粉脱脂)。

4.烧结

将排完树脂的模型放入高温炉烧结致密,得到成品陶瓷模型。

(二)分层实体制造(LOM)

分层实体制造采用背面涂有热熔胶的薄膜材料为原料,用激光将薄膜依次切成零件的各层形状叠加起来成为实体件,层与层间的黏结依靠加热和加压来实现。LOM最初使用的材料是纸,做出的部件相当于木模,可用于产品设计和铸造行业。用LOM方法制备陶瓷件,采用的原料为陶瓷膜,陶瓷膜用传统的流延法制备。

采用LOM方法制备的陶瓷材料有Al_2O_3、Si_3N_4、$AlNSiC$、ZrO_2等。LOM方法制备的陶瓷件一般是用平面陶瓷膜相叠加而成的,现在已开发出以曲面陶瓷膜相叠加的成型工艺,这一工艺是根据制备曲面陶瓷、纤维复合材料的需要生产。Klostnman等人采用曲面LOM法制备了SiC、SiC纤维复合材料,与平面LOM工艺相比,曲面LOM工艺可保证曲面上纤维的连续性,而达到最佳的力学性能。另外,曲面LOM工艺制备的陶瓷件还有无阶梯效应、表面光洁度高、加工速度快、省料等优点。

(三)形状沉积成型(Mold-SDM)

SDM是由斯坦福大学和卡内基梅隆大学开发的,它是一种材料添加和去除相结合的反复过程。成型过程中,每一层材料首先沉积成净成型形状,在下一层材料添加前,采用传统的CNC技术将其加工成净成型形状。采用SDM和凝胶注模成型(Gel-casting)相结合的方法可以制备陶瓷件,即先用SDM做出模具,然后浇注陶瓷浆料,将模具融化掉,取出陶瓷生胚,经烧结处理后得到最终的陶瓷。用Mold-SDM制备陶瓷有以下优点:能做出复杂几何形状的模具;Mold-SDM制备的陶瓷是整体件,因此陶瓷件不存在层与层间的边界和缺陷;模具的表面由机加工方法获得,具有很好的光洁度,因此制备的陶瓷件也具有较高的表面光洁度。目前已采用Mold-SDM制备出Si_3N_4、Al_2O_3材质的涡轮、手柄、喷嘴等样品。其中,Si_3N_4样品的最大弯曲强度为800MPa。

(四)熔化沉积造型(FDM)

采用FDM工艺制备陶瓷件称FDC。这种工艺是将陶瓷粉末和有机黏结剂相混合,用挤出机或毛细血管流变仪做成丝后用FDM设备做出陶瓷件生胚,通过黏结剂的去除和陶瓷生胚的烧结,得到较高密度的陶瓷件。

适用于FDC工艺的丝状材料必须具备一定的热性能和机械性能,黏度、黏结性能、弹性模量、强度是衡量丝状材料的四个要素。基于这样的限制条件,罗格斯大学的陶瓷研究中心开发出称为RU系列的有机黏结剂。这种黏结剂由四种组元组成:高分子、调节剂、弹性体、蜡。Agarwala等人用FDC制备了Si_3N_4陶瓷件,所用的陶瓷粉为GS-44氮化硅,体积分数为55%。

由于 RU 黏结剂是由四种具有不同热解温度的组元组成,生胚中黏结剂的去除分为两步进行。第一步从室温加热到 450℃,在此阶段大部分黏结剂被去除。第二步是将生胚放入氧化铝坩埚加热至 500℃,黏结剂中剩余的碳被去除。不同阶段的加热速度和保温时间根据零件的尺寸和形状来确定。经过这两步处理后,陶瓷生胚变成多孔状,对生胚进行气压烧结处理,生胚中所含的氧化物熔化并为多孔生胚的致密化提供液相。此外,Bandyopadhyny 等人用 FDC 工艺制备出 3-3 连通的 PZT、高分子压电复合材料。

(五)陶泥挤出式盘筑成型(CDM)

陶泥挤出式盘筑成型(CDM)工艺源于泥条盘筑法,泥条盘筑法是用黏土泥条或泥绳制作器皿的一种技巧,是泥条相叠加、挤压、垒筑而成型,它是陶艺成型手段中最基本的方式手段之一。

3D 打印过程中层与层之间的缝隙在其应用中也许是一种"缺陷",需要弥补或改进。而厦门斯玛特集团的杨德安认为当前所有的 3D 打印机一直处在精度论下,非精度也是一种艺术美。陶泥 3D 打印机恰恰是反其道而行之,将这种"缺陷"强调出来,通过对 3D 打印机的打印轨迹的控制,在陶器表面创造出各种意想不到的肌理效果,如图 2-5-1 所示。

图 2-5-1

三、陶泥挤出式盘筑成型 3D 打印设备与操作

前面我们已介绍了 DLP 陶瓷 3D 打印设备与操作,基于篇幅和应用的普遍性关系,在此以厦门斯玛特集团研制的 SMART PN-2030 陶泥 CDM 挤出式盘筑成型机为例,介绍陶泥挤出式盘筑成型 3D 打印设备与操作。

陶瓷 3D 打印设备
与操作打印前

陶瓷 3D 打印设备
与操作打印后

(一)陶泥挤出式盘筑成型机结构与参数

厦门斯玛特集团研制的陶泥 CDM 挤出式盘筑成型机,采用原生态黏土材料,不需任何添加剂,从其易学、成本低的优点来说,更适用于广大陶艺爱好者进行 3D 打印体验创作,平均每分钟约 1cm 高度的打印成型速度,对使用者来说,体验感更强。成型机主要由挤出机模组、定量棒模组、打印平台等组成,如图 2-5-2 所示。主要参数如表 2-5-1 所示。

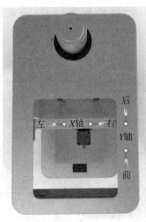

图 2-5-2

表 2-5-1　SMART PN-2030 主要参数

参数名称	参数值	参数名称	参数值
挤出头规格	1～1.4mm	有效行程	200mm×200mm×300mm
打印材料	各类陶泥、瓷泥等黏土材料	定位精度	0.01mm±0.01mm(≤100mm)
成型层厚	0.5～1mm	料仓容积	1.2L,2kg
打印速度	10～30mm/s	设备尺寸	378mm×589mm×764mm
软件	smart slicer	打印控制	3.5英寸 TFT 触摸屏
可兼容格式	STL. OBJ. STPPRT. SLD. PRT. 3DMIGS	电源电压	AC 输入 220V/DC 输出 350W－24V

(二)设备操作

1.设备安装调试——判断 *X*/*Y*/*Z* 及三轴限位开关是否运行正常

(1)开启显示屏开关,显示屏通电,点击"工具",如图 2-5-3 所示。

(2)点击"手动",如图 2-5-4 所示。

图 2-5-3

图 2-5-4

(3)点击左右"X"键判断 *X* 轴是否左右移动。同理测试"Y/Z"键是否运行正常。

(4)最后点击复位键。点击复位键后,设备开始移动复位,到达极限行程时发出"嘀"的提示音,表示限位开关正常运行,如图 2-5-5 所示。

2.打印

(1)先将 TF 卡插进卡槽里,并在打印平台上铺上保鲜膜。

(2)点击"打印"。

(3)选择打印文件,打印文件为"geode"格式,如图 2-5-6 所示。

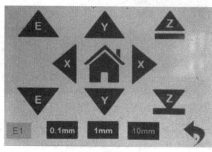

图 2-5-5

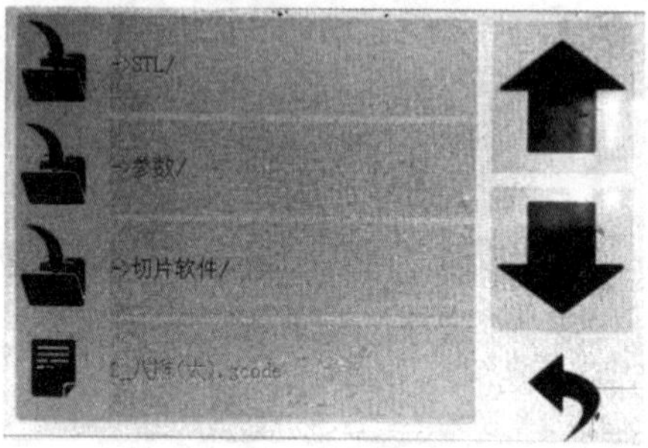

图 2-5-6

(4)点击"播放"键打印。

3.材料安装

材料安装过程如下,如图 2-5-7 与图 2-5-8 所示。

(1)点击"工具"。

(2)点击"装卸耗材"。

(3)点击右边的"E1",可控制料仓活塞向下退。

(4)点击"中间数值"可控制速度。

(6)打开盖子,控制 E1 丝杆向下退。

（7）当丝杆向下退到一定长度时，将未拆封的泥条放置料仓中。

（8）当泥条顶端凸出灌口1cm左右时，即可停止，用刀割开、切平。

（9）将快接头旋紧在盖子上，盖子往罐口垂直轻轻旋转。

（10）盖子顺利旋入罐口，最后再用力旋紧即可，并插入输送管道。

（11）点击左边的"E1"，控制料仓E1丝杆向上推进。

（12）当陶泥从输送管口挤出，按停止键，停止继续挤出，用铲刀把管口多余的陶泥铲掉。

（13）弯头快接头旋入黑色腔体，再把输送管插入弯头快接头上。

图 2-5-7

图 2-5-8

4.调整速度与流量

在打印过程中可以调整泥料的流量。流量少，会导致层与层压不实，打到一定高度时，模型会摇摇晃晃，最后坍塌，所以层与层叠加不实时，要尽快增加流量。流量多，会导致表面溢出，效果不好，需减少流量。如图 2-5-9 所示，左边图的泥巴断断续续，说明流量不够，需增加流量；右边图的泥巴叠加整齐，说明流量正常，如有溢出现象需减少流量。

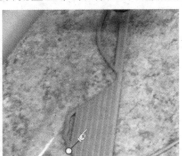

图 2-5-9

调整打印速度与流量操作如图 2-5-10 所示。

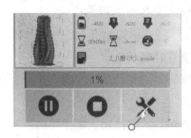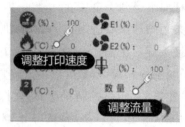

图 2-5-10

一般打印出来的宽度比喷头口径大 1.5～2 倍比较合理,如图 2-5-11 所示。

图 2-5-11

5.卸材料与零件

打印完应及时卸载剩余材料,并卸载相关部件,如图 2-5-12 所示。

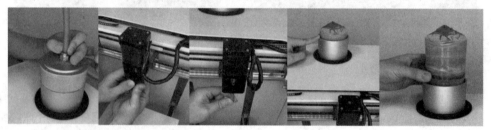

图 2-5-12

(1)拔出输料管。

(2)将快接头转到口向下,旋下定量棒。

(3)拆卸定量棒的丝杆。

(4)将丝杆推出,旋下盖子,点击"挤出"键,将剩余的材料挤出。

(5)用双手将剩余的材料慢慢拔出。

6.清洗、安装

将卸载的相关部件,用软毛刷和清水清洗干净,晾干,并安装,如图 2-5-13 所示。

图 2-5-13

7.日常维护

（1）日常清洗维护。每天打印完毕需清理定量棒模组,将管道两端插入水里保湿,用毛刷和细针清理黑色腔体、喷头、快接头、螺杆。需清理干净,不能有积泥,把清理好的快接头安装在盖子上,用保鲜膜密封住。

（2）注意事项。打印完毕后若不继续打印,需关闭电源,清理工作台面上的异物,保持机台整洁干净。

每天打印完毕需把输送管从两端快接头拔出,将输送管的两端泡入水里保湿,清理定量棒腔体、螺杆、快接头、喷头、轴承。清理完毕后上油安装回去。

每天打印完毕需清理料仓快接头,保持压头的弹性,再旋入盖子,并用保鲜膜缠绕密封住盖子。若料仓材料打印完毕,需把料仓的余料清理出来。

若长时间不打印,不管料仓是否有材料,都要卸载掉,不可长时间堆放。

定期给导轨和丝杆上油,如图 2-5-14 所示。

图 2-5-14

课后思考

（1）陶瓷 3D 打印技术的应用领域有哪些?

（2）根据陶泥挤出式盘筑成型的特点,设计一款产品。

模块三
模型数据处理

知识目标：
- 掌握数据导入的方法；
- 掌握支撑设置的原则和方法；
- 掌握模型编辑方法和要点；
- 掌握切片处理软件的操作方法。

技能目标：
- 具有丰富的空间设计思维能力；
- 会数据导入和模型编辑处理；
- 会进行支撑设置；
- 会进行模型数据切片处理。

素质目标：
- 爱岗敬业、实事求是、勇于创新的工作作风；
- 精益求精、质量第一、规范操作设备的做事态度；
- 良好的表达和沟通能力。

单元一　数据导入与支撑设置

数据导入与
支撑设置

一、数据导入

（一）文件格式

1.通用格式

三维软件的文件通用格式为.STP,3D打印机的文件通用格式为.STL。

2.格式转换

用 proe、犀牛等三维软件转换（本书以 proe 软件为例）。

步骤：打开.STP 格式文件→保存副本→保存类型选择.STL→设置弦高和角度控制两个参数（弦高越大，零件的表面就会越粗糙，越小，表面就越光滑，默认输 0，按 Top 键，自动就会跳成最小值；角度控制默认输 0.01）→确定。

(二)文件导入

打开 3D 打印机的切片软件（在此以上海联泰的光固化打印机为例），点击"文件"，导入.STL 格式文件，或者直接将.STL 格式文件拖入切片软件中。

二、模型摆放与支撑设置

这里以光固化 3D 打印为例，介绍模型摆放的基本原则。

(一)中空的长圆柱形零件

如图 3-1-1 所示的长圆柱形零件建议轴线铅垂放置，如果平躺放置，支撑会很多，后期表面和底面会很粗糙（生成支撑的地方会特别粗糙，会有一粒一粒的颗粒感），如图3-1-2所示。操作步骤如下：

图 3-1-1   图 3-1-2

(1)位置自动摆放，零件间隔、平台、边缘等设置都选默认→确认。

(2)零件和平台需要有一定的距离（加支撑的距离）。

(3)点击"所选零件生成支撑"。

(二)方形的、伸出四个柱子、中空的零件

如图 3-1-3 与图 3-1-4 所示的方形的、伸出四个柱子、中空的零件有 3 种摆放方式。

图 3-1-3

图 3-1-4

第一种摆放方式如图 3-1-5 与图 3-1-6 所示。

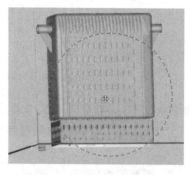
图 3-1-5

图 3-1-6

内外都有较多支撑。因零件约 95% 是密封的,导致打印完成后,里面的支撑取不出来。

第二种摆放方式如图 3-1-7 所示。

斜置,斜面小于 35°时,斜面上会生出支撑。

第三种摆放方式如图 3-1-8 所示。

斜置,斜面大于 35°时,斜面上不生出支撑。这种方式最佳。

图 3-1-7

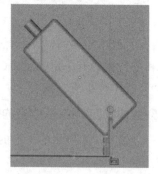
图 3-1-8

(三)支撑的删除与添加

从图 3-1-8 和图 3-1-9 中可以看到,零件内部还有 2 处较小的支撑,从位置和体量上判断可以将其删除。选中要删除的支撑,将其删除,如图 3-1-10 所示。

图 3-1-9　　　　　　　　　　　　　　　　图 3-1-10

　　对于单独的片状、线状支撑需要删掉，防止打印时倒掉，如图 3-1-11 所示。对于面积较大的地方如果需要还可以手动添加支撑，如图 3-1-12 的标示部分。

图 3-1-11　　　　　　　　　　　　　　　　图 3-1-12

（四）摆放高度

　　与打印时间关系最大的是零件的高度，零件摆放得越高，打印的时间越久，如图 3-1-13所示，将圆柱形零件斜着放可以缩短打印时间。

（五）摆放位置

　　一般将零件放到打印平台的中心位置，并保证最小的 Y 方向尺寸，以使刮刀走的路径最短。图 3-1-13 所示的位置比图 3-1-14 所示的位置节约时间。

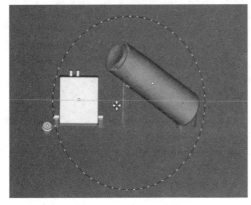

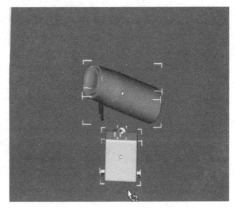

图 3-1-13　　　　　　　　　　　　　　　　图 3-1-14

课后思考

(1)数据导入打印机的切片软件的文件格式是什么？

(2)简述光固化 3D 打印的模型摆放的基本原则。

模型编辑处理

单元二　模型编辑与切片处理

一、模型编辑

在打印机的切片软件里可以对 .STL 格式文件进行下列操作：

（1）创建。

（2）复制。

（3）平移。

（4）旋转（生成支撑之后不建议旋转，因为生成支撑之后旋转就会自动删掉支撑）。

（5）缩放。

（6）镜像。

（7）镂空零件。加工体积大的实心零件时，会产生浪费材料的情况，为了节约材料需要用抽边工具将零件镂空成空心的，如图 3-2-1 所示的杯子。操作时先选择需要镂空的零件，再点击镂空的零件，将壁厚设置为 2～3mm，如图 3-2-2 所示。镂空后的效果如图 3-2-3 所示。

图 3-2-1

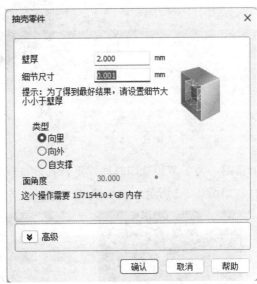

图 3-2-2

图 3-2-3

（8）打孔。镂空后，为了封闭腔体内的光敏树脂材料能流出来，需要在封闭的腔体上打孔，如图 3-2-4 所示。打孔挖掉的部分需要保留，后期需要把它粘回去，做成圆台形，方便固定、黏接，如图 3-2-5 所示。

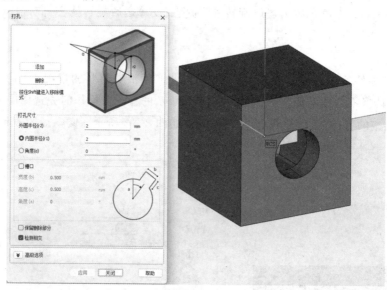

图 3-2-4

（9）切割。为了节约打印时间或不打孔，可以将一个零件切成两个零件。切割处可以不带槽口，如图 3-2-6 所示。或带槽口，如图 3-2-7 所示。

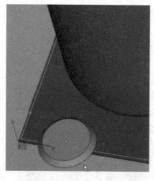

图 3-2-5

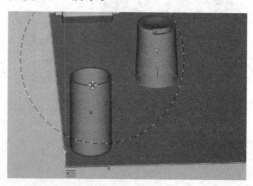

图 3-2-6

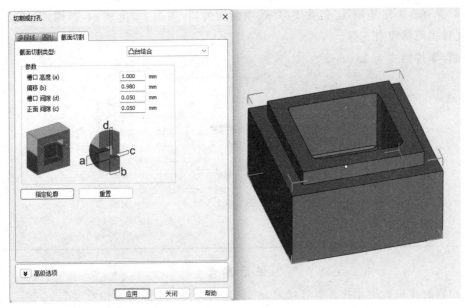

图 3-2-7

(10)偏移。

(11)合并零件。

(12)布尔运算。

(13)修复。对于简单的破面,一般自动修复就可以。一些大的破面需要到设计软件里面去修复。

二、切片处理

(1)切片厚度。切片厚度一般设置为 0.1mm,建议不要经常去改动它。

(2)光斑补偿。光斑补偿是根据机器来定的。

切片处理

切片的参数设置如图 3-2-8 所示。

图 3-2-8

(3)保存。一定要勾选"包含支撑"选项前面的勾,如图 3-2-9 所示,否则,后期切片出来的文件里面将没有支撑。

保存零件格式为.gcode。

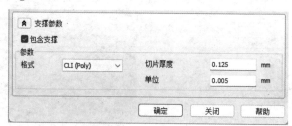

图 3-2-9

课后思考

(1)在打印机的切片软件里可以对.STL 格式文件进行哪些操作?

(2)加工体积大的实心零件时,会产生浪费材料的情况,为了节约材料可以采取什么措施?

单元三 熔融沉积 3D 打印切片软件

熔融沉积 3D
打印切片软件

一、软件下载

以创想打印机的切片软件为例。进入创想三维官网（www.cxsw3d.com）→选择服务支持→资料下载→切片软件→选择 Creality Slicer 进行下载。

二、软件界面

软件界面如图 3-3-1 所示。

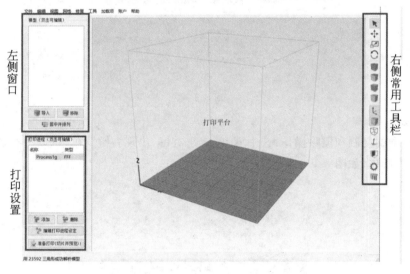

图 3-3-1

三、模型导入与编辑处理

（一）导入模型文件

点击左上角"文件"选项→选择打开文件，导入模型文件，也可以把模型文件直接拖进切片软件。需要将模型放置于方框内（打印空间），才可以进行切片处理，如图 3-3-2 所示。

（二）编辑处理

用鼠标点击选中一个模型，在左侧会出现一组图标，可

图 3-3-2

以进行模型的编辑处理,如图 3-3-3 所示。

(1)修改比例大小,如图 3-3-3 所示。

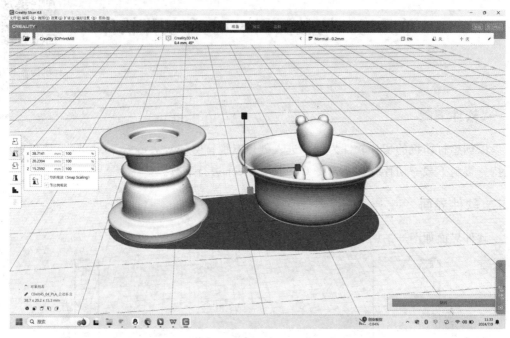

图 3-3-3

(2)旋转模型。

(3)模型的复制和删除操作:选中模型,点击右键,出现右键菜单,可以进行删除模型、复制模型等操作,如图 3-3-4 所示。

撤销(U)	Ctrl+Z
重做(R)	Ctrl+Y
选择所有模型	Ctrl+A
编位所有的模型	Ctrl+R
复制所选模型	Ctrl+M
删除所选模型	Del
清空打印平台	Ctrl+D
复位所有模型的位置	
复位所有模型的变动	
绑定模型(G)	Ctrl+G
合并模型(M)	Ctrl+Alt+G
拆分模型	Ctrl+Shift+G

图 3-3-4

四、设置打印机参数

点击右上角的"打印设置"(或正常打印)选项,可以修改打印参数,如图3-3-5所示。

层高:模型每一层的高度,一般为0.1~0.3mm。

壁厚:模型的内壁和外壁的厚度,一般为喷嘴孔径的倍数。

开启回退:默认开启,开启后可以避免模型拉丝。

底层/顶层厚度:模型底面和顶面的厚度,一般和壁厚相同。

填充密度:模型内部的填充量,一般设置为10%~20%,0%为空心,100%为实心。

打印速度:模型打印的速度,一般为50~80mm/s。

喷头/热床温度:PLA耗材一般为喷头195~205℃,热床45~55℃。

支撑/平台附着:根据模型需要进行设置。支撑参数:模型有悬空的地方需要添加支撑,并选择全部支撑选项,角度参数可以设置30°~60°。平台附着类型参数:一般选择底座和裙摆。

直径/挤出量:默认设置不用修改。

喷嘴孔径:根据机器实际大小设置。

回退速度:回退丝的速度一般为80~100mm/s。

回退长度:挤出机回退丝的长度一般为5~10mm。

启用回抽:选择全部。

回退时Z轴抬起:在回退时Z轴会向上抬起一定距离,避免喷头将模型熔化。

裙边线数:一般为2~3圈,能够在打印之前优先打印额外的外圈,减少打印失败率。

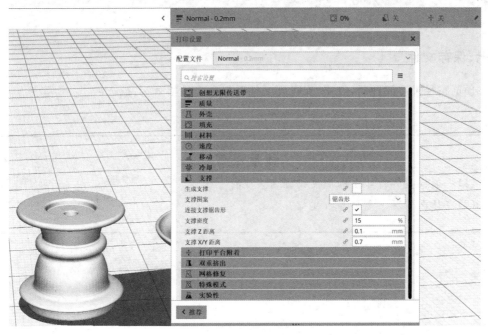

图 3-3-5

五、切　片

参数设置完成之后,点击右下角的切片选项。

六、预　览

切片完成后,点击"预览"选项,如图 3-3-6 所示。

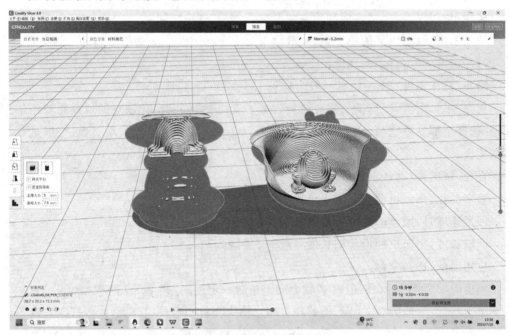

图 3-3-6

七、保存文件

预览路径没有问题后,点击"保存到文件",保存文件格式为 .gcode。

课后思考

(1)一般模型的打印层的高度设置为多少?

(2)在什么情况下需要添加支撑?

单元四 LCD光固化3D打印切片软件

一、软件下载

以创想打印机的切片软件为例。进入创想三维官网(www.cxsw3d.com)→选择服务支持→资料下载→切片软件→选择Creality Box进行下载。

二、软件安装

(1)获取设备ID。点击"系统"→"信息"→ID,记录下ID,如图3-4-1所示。

图 3-4-1

(2)安装。点击安装文件进行安装,安装完成后如图3-4-2所示。

图 3-4-2

(3)激活。

①在线激活:输入打印机ID并选择"在线激活"。

②Key文件激活:如电脑无网络连接,可在输入打印机ID后选择"Key文件激活"→"生成申请文件"。将生成的.req文件发送给平台,获得.skey注册文件,在"浏览文件"中选择.skey文件,如图3-4-3所示。

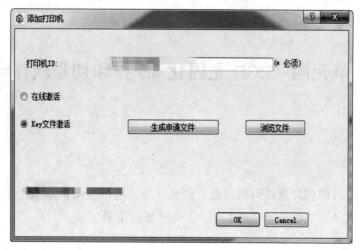

图 3-4-3

三、软件界面

软件界面包括：菜单栏、观察视觉、模型动作等，如图 3-4-4 所示。

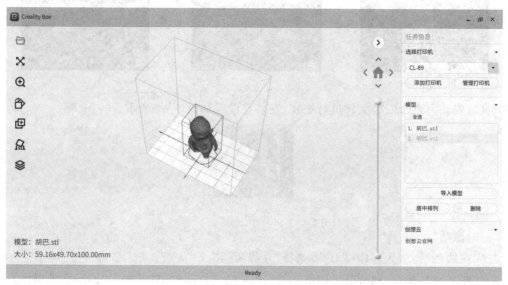

图 3-4-4

四、添加模型

添加模型步骤：点击"添加"→选择.stl 格式文件模型→打开模型，可以复制同个模型或删除，如图 3-4-5 所示。

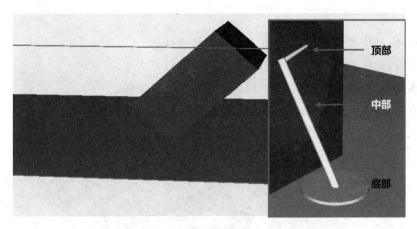

图 3-4-5

五、查看视图

可以从不同的角度观察实体,右击移动画面→点击要查看的视角,如图 3-4-6 所示。

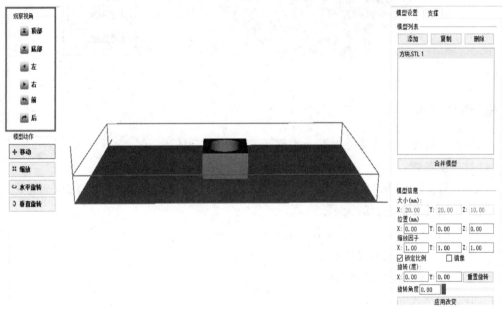

图 3-4-6

六、参数修改

模型信息:

(1)大小:大小数据。

(2)位置:根据 XYZ 坐标的值确定位置。

(3)缩放因子:改变模型的大小比例,勾选锁定比例等比例缩放,镜像物体。

(4)旋转:垂直旋转角度,更换不同角度,重置旋转。

模型动作：

(1)移动：与位置功能相似,鼠标左键移动任意摆放。

(2)缩放：与缩放因子功能相似,鼠标左键拖动任意大小。

(3)水平旋转：与旋转功能相似,鼠标左键拖动任意旋转。

(4)垂直旋转：鼠标左键拖动模型任意垂直旋转。

(5)此面朝底：点击模型面右键,可以选择想要向下的底面。

如图 3-4-7 所示。

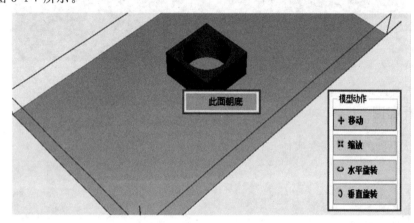

图 3-4-7

七、添加支撑

(1)支撑高度。设置为 0 时贴合底面,0 以上模型会悬浮。

(2)支撑参数：

①图形：支撑"图形"为形状,顶部一般设为 Cone 50％,中部和底部一般设为 cylinder。

②半径：设置接触面的大小。

③长度：每个部分的高度,中部会自动换算。

④渗透：支撑对模型浸透的深度。

⑤角度因子：决定支撑倾斜度。

如图 3-4-8 所示。

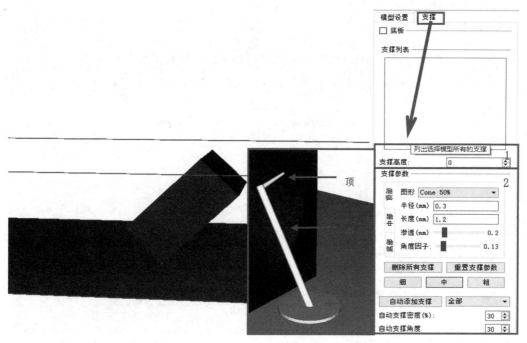

图 3-4-8

（3）快捷修改：

①Shift＋左键：随意改变支撑角度。

②Ctrl＋左键：随意改变半径和长度。

③左键：随意移动顶部和底部支撑位置（修改支撑角度可以避开模型重要部位）。

八、支撑修改

（1）底板：增加底板可以加大黏性。

（2）删除支撑：选中后删除、修改部分支撑。

（3）修改支撑 1：删除所有支撑、重置支撑参数、修改支撑粗细。

（4）修改支撑 2：选择添加、删除、修改支撑。X 光透视：查看内部结构。

（5）自动添加支撑：

①全局支撑和平台支撑：全局支撑是包括所有悬空部分；平台支撑是悬空于平台。

②自动支撑密度和角度：密度是指支撑之间的密度；角度是指最小顶部的倾斜度。

如图 3-4-9 所示。

图 3-4-9

九、切片保存

选择"切片"→保存为.tfl格式,可以保存添加后的支撑数据。

如图 3-4-10 所示。

图 3-4-10

十、导出模型

打印步骤:

①开始切片→②导出打印文件→③修改曝光时间(参考数值,打印机上也可调)→④点击内存卡。

如图 3-4-11 所示。

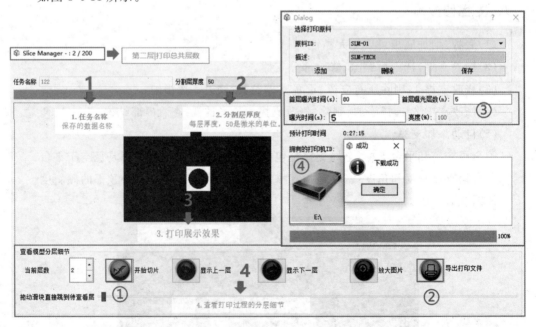

图 3-4-11

课后思考

(1)一般模型的打印层的高度设置为多少？

(2)在什么情况下需要添加支撑？

模块四

3D 打印技术应用

知识目标：
- 了解 3D 打印技术的应用范围和典型应用案例；
- 掌握个性化定制的设计流程和方法；
- 掌握产品的扫描与再设计流程和方法；
- 掌握一体化结构的结构特点和应用范围。

技能目标：
- 具有丰富的空间设计思维能力；
- 会制定工作计划和创业计划；
- 具有利用 3D 打印技术进行产品个性化定制的能力；
- 会进行产品的扫描与再设计；
- 会根据零件和产品的造型与结构选择 3D 打印工艺；
- 会进行产品的一体化结构设计。

素质目标：
- 爱岗敬业、实事求是、勇于创新的工作作风；
- 精益求精、质量第一、规范操作设备的做事态度；
- 良好的表达和沟通能力。

单元一　3D 打印技术的应用概述

3D 打印技术
的应用概述

一、3D 打印技术的应用领域

3D 打印技术的应用领域非常广泛，几乎涉及所有领域，下面列举 8 个方面：

(一)熔模铸造的蜡模

熔模铸造,又称失蜡铸造,是用蜡制作所要铸成零件的蜡模,然后蜡模上覆以特制泥浆,得到泥模壳体。泥模壳晾干后,放入热水中将内部蜡模熔化。将熔化完蜡模的泥模取出再焙烧成陶模。从制泥模时留下的浇注口注入金属熔液,冷却后,除去陶模得到金属零件。如图 4-1-1 所示为利用 ProJet 2500W(紫蜡机)将 3D 数据打印出来的紫蜡模型。

(二)食品

可以通过手机 App 远程操作,选定特定的图形或者拍照获得手写字迹,然后打印出来。该打印方式在一些蛋糕店或者普通家庭中得以应用。如图 4-1-2 所示为正在打印的巧克力。

主要材料:绿豆沙、红豆沙、奶油、紫薯、饼干、奶糖、果酱、土豆泥 、肉泥、巧克力等。

图 4-1-1

图 4-1-2

(三)服装/饰品

如图 4-1-3 所示为上海"数字未来"工作营制作的服饰。

(四)建筑

如图 4-1-4 所示为河北下花园武家庄一农户通过 3D 打印建成的住宅。

图 4-1-3

图 4-1-4

(五)医疗

迅实科技利用 3D 打印技术打印助听器外壳模型,如图 4-1-5 所示。

(六)航空航天

西安铂力特激光成型技术有限公司与中国商飞合作研发制造出的国产大飞机 C919 上的中央翼缘条零件是金属 3D 打印技术的在航空领域的应用典型。此结构件长 3 米多,是国际上金属 3D 打印出最长的航空结构件,如图 4-1-6 所示。

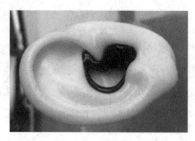

图 4-1-5

图 4-1-6

（七）能源/资源

NASA-SpiderFab 概念项目的主要原理是利用 3D 打印和机器人组装技术在太空完成制造天线、太阳能电池板等大型设备的工作。这个"SpiderFab"项目由美国科技公司 Tethers Unlimited 负责，如图 4-1-7 所示。

（八）模具

将 3D 打印应用在 IM EVA 模具制造中是一个非常灵活、快捷的生产方式，它可以有效降低制模成本，减少浪费，还可以在很短的时间里得到产品，达到事半功倍的效果。联泰科技经过近二十年的行业应用经验累积，目前有应用于工业端性能接近工程塑料的光固化材料、高透明类亚克力光固化材料、应用于试穿的高度柔韧性光固化材料、替代模具的耐高温光固化材料等。如图 4-1-8 所示为联泰科技 3D 打印鞋底模具。

图 4-1-7

图 4-1-8

二、轻量化产品设计

3D 打印通过结构设计层面实现轻量化的主要途径有 2 种：

（一）中空夹层/薄壁加筋结构

中空夹层结构通常由薄壁作为面板，内芯加筋形成交错支撑的结构，整体呈空心，在承受弯曲载荷时，面板主要承受拉应力和压应力，内芯主要承担剪应力和部分压应力。这样的结构具有一定的弯曲刚度与强度，并且具有质量轻、耐疲劳、吸音和隔热等优点，如图 4-1-9 所示。

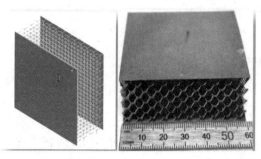

图 4-1-9

　　为了在不影响结构完整性的前提下尽可能降低拐杖自身重量,mhox design 与 arup 工程师 vincenzo reale 还利用生成设计技术,专门为 shiro 工作室开发了一种内部多孔结构,其形态模仿了松质骨组织。"enea"是世界上第一款完全采用 3D 打印制造的拐杖。它的把手采用了三轴线的几何形态,也正是这样的设计使其可以无需任何额外支撑物就能稳固地垂直竖立在地面上,这样一来,使用者完全不必担心拐杖倒在地上导致不得不弯腰伸向地面,对于年长或行动不便的使用者而言,这样的设计尤为贴心,如图 4-1-10 所示。

图 4-1-10

(二)异形拓扑优化结构

　　拓扑优化是将指定区域离散成足够多的子区域,然后在给定的约束条件下(一定的载荷、性能指标、需要省去的材料百分比等),借助有限元分析技术对结构的强度和模态进行分析,确定子区域的去留,最终留下来的区域构成最优方案,是一种对材料分布进行优化以提高材料利用率的方法。摩托车骨架的拓扑优化设计如图 4-1-11 所示。

图 4-1-11

三、一体化结构

(一)一体化设计概述

3D 打印技术的突出特点有两个:

1.免除模具

免除模具的特点使得 3D 打印适合用于产品原型、试制零件、备品备件、个性化定制、零件修复、医疗植入物、医疗导板、牙科产品、耳机产品等小批量个性化的产品。而传统制造工艺,如果产品的设计过于复杂,那么对应的制造成本就会十分昂贵。

2.制造成本对设计的复杂性不敏感

3D 打印可以制造复杂形状的产品,包括一体化结构、仿生学设计、异形结构、轻量化点阵结构、薄壁结构、梯度合金、复合材料、超材料等。

一体化结构是将原来分散的、需要连接,甚至是不同材料的零件集成为一个大的部件,可以减少零件组合时的连接部分,还可以便于设计者进行整体最优化设计,从而实现减轻部件的重量,减少加工步骤的目标。

基于上述特点,3D 打印一体化结构是一种具有代表性的为增材制造而设计(Design for Additive Manufacturing,DFAM)的结构。在工作中,设计工程师会遇到很多挑战,存在的痛点包括如何获得最优的结构形状,如何将最优的结构形状与最优的产品性能结合起来设计等。制造工程师在重新考虑如何利用 3D 打印技术,以增材制造的思维去设计时,需要突破以往通过铸造、压铸、机械加工制造所带来的思维限制。

3D 打印一体化设计概述

(二)一体化设计的意义

1.产品的轻量化、实现瘦身

结构的一体化可以以较少的材料实现同样功能、达到同等强度。

3D 打印技术可以实现复杂部件的一体化制造,这为零部件设计带来了优化的空间,设计师可以尝试将原本通过多个组件装配的复杂部件,进行一体化设计。这种方式不仅实现了零件的整体化结构,还能够避免原始多个零件组合时存在的连接结构(法兰、焊缝等),也可以帮助设计者突破束缚,实现功能最优化设计。

3D 打印一体化设计的意义

受建筑工程中的桁架结构的启发,Wang 等提出的一种基于"蒙皮－钢架"(Skin.Frame)的轻质结构来解决材料优化问题,钢架结构(Frame)由一些杆件通过节点连接起来,形成一个空间结构。需说明的是,这种钢架结构与建筑中常见的桁架(Truss)结构略有不同,因为前者的杆件之间是固定连接,而后者是铰接的,这使得前者较后者有更高的结构稳定性能,结构轻便省材。

通用汽车使用一体化设计和 3D 打印技术,对一款汽车座椅支架进行重新设计,其不锈钢座椅的重量比常规的轻了 40%,强度提升 20%,并且仅需 1 个部件,在过去这需要来自多个供应商的 8 个零部件组成。

2.减少产品的组装、提升效率

一体化结构的实现除了带来轻量化的优势,减少组装的需求也为产品打开提升效益的想象空间。

比如说,GE 的涡轮螺旋桨发动机(ATP),将 855 个单独的部件通过增材制造技术组合成 12 个部件(超过 $\frac{1}{3}$ 是用钛 3D 打印的),因此重量减轻了 5%(约 100 磅),燃油效率提高了 20%,功率提高了 10%,同时维护也变得更加简单。如图 4-1-12 所示。

图 4-1-12

在芝加哥举行的 2014 年国际厂商技术展上亮相的"Strati"。车架、车身、座椅、中控台、仪表盘、发动机罩都是用 3D 打印的,这辆汽车最大的创新在于制造人员只需要拼接 40 个零件就能完成,而传统汽车制造业需要涉及 20000 多个零件。

Altair、APWORKS、csi、EOS、GERG 与贺利氏(Heraeus)曾利用金属 3D 打印技术对大众开迪汽车前端构造进行再制造。前端构造包含了主动冷却和被动冷却的细节设计。3D 打印的一体化车辆前端结构如图 4-1-13 所示。

3.功能与结构的集成化

3D 打印"复杂化"优势,带来了发动机部件数量的减少,但这并不是"一体化"的全部含义。3D 打印一体化部件的含义中还包括功能与结构的集成,比如说零件同时兼具散热功能。法国赛峰对一款发电机外壳进行了设计优化,过去由几个复杂加工零件组成的部件转变为一个功能集成的 3D 打印电机外壳,整体零件数量和制造时间得以减少。如图 4-1-14 所示。

图 4-1-13

图 4-1-14

功能集成喷嘴的设计,Innogrind 公司为磨削设备提供了钛金属冷却液喷嘴。设计师利用 3D 打印自由造型方面的优势,将喷嘴设计为一个功能集成的一体化结构。喷嘴通道的几何形状根据专业知识、经验和流动模拟进行了优化设计,在保证功能的前提下,喷嘴由几个独立组件组装而成的结构,变为一个紧凑的一体式零件。此时的喷嘴没有装配要求,实现了进一步设计优化。优化后的一体化喷嘴具有 $300\mu m$ 的孔和复杂的微流体通道结构,使用材料减少了 30%,制造的手工劳动减少了 55%,喷嘴的成本降低约 33%,新喷嘴的耐用性提高了 10 倍以上。

(三)一体化设计的设计思路

一体化设计的设计思路与方法可以归纳为 4 点:

(1)原不同功能部件合而为一。

(2)原生产工艺必须分离的部件合而为一。

(3)原需要装配的部件合而为一。

(4)原必须实心的部位整体化镂空。

3D 打印一体化设计的设计思路

如图 4-1-15 所示为木制的可折叠的果盘,(a)图为收纳状态,(b)图为使用状态,造型很有创意,但制作工艺较复杂。依据此果盘的构思,可以用"原需要装配的部件合而为一"的设计思路,设计一体化结构的果盘。

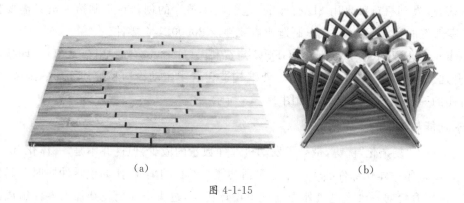

(a)   (b)

图 4-1-15

四、云制造

依托现有 3D 打印应用服务模式,构建以 3D 打印智能服务为核心的综合制造云平台。为需求企业提供多元化 3D 打印应用服务,满足不同行业需求及应用需要。同时为 3D 打印应用服务商提供开放入驻入口,拓展服务商线上服务能力,深化云制造服务理念。形成资源集聚,能力协同的 3D 打印工业互联新生态。不仅可实现随时随地制造产品,而且还可实现产品快速迭代,使"所想即制造"变为可能。流程如图 4-1-16 所示。

图 4-1-16

课后思考

(1)3D 打印技术的应用领域非常广泛,举例说明 5 个应用领域。

(2)产品的轻量化设计有哪几种方法?

趣味 3D
打印果盘

单元二　一体化结构产品设计

本单元以图 4-1-15 所示的果盘为例,设计一体化结构。首先利用 Inventor 软件进行建模。

一、设计基体

步骤 1:单击面板中的"项目"选项,打开项目选项,点击新建,找到创建二维和三维对象,如图 4-2-1 所示。

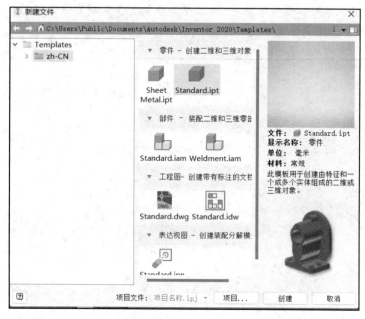

图 4-2-1

步骤 2:在 XY 平面创建拉伸草图,注意原点位置,如图 4-2-2 所示。

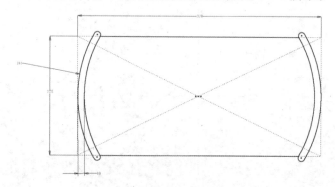

图 4-2-2

步骤3:点击拉伸,深度8.4mm,拉伸创建两个实体,如图4-2-3所示。

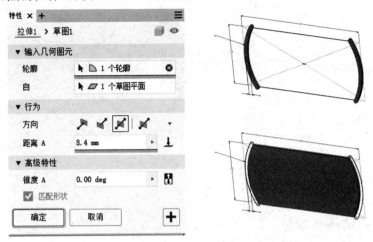

图 4-2-3

步骤4:隐藏实体二,对实体一进行布尔求差,宽度1mm,如图4-2-4所示。

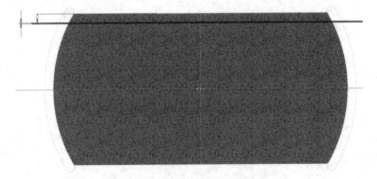

图 4-2-4

步骤5:点击阵列,对拉伸3阵列,如图4-2-5所示。

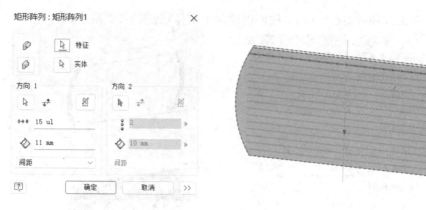

图 4-2-5

二、铰链连接结构基本体

步骤 1:对实体一,进行差集拉伸,在 XY 平面绘制二维草图,注意原点位置,如图 4-2-6所示。

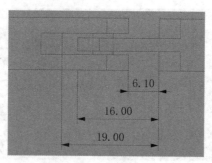

图 4-2-6

步骤 2:创建拉伸 3,选择两边方向拉伸,如图 4-2-7 所示。

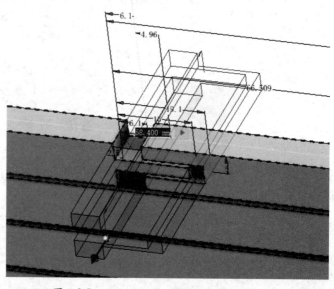

图 4-2-7

步骤3：为了转动灵活，将会触碰到的角进行倒圆角处理，如图4-2-8所示。

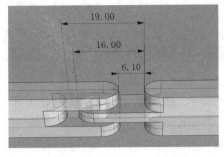

图 4-2-8

步骤4：在指定平面中创建草图，如图4-2-9所示。

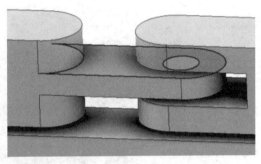

图 4-2-9

步骤5：用联集布尔运算，建立铰链连接的轴结构，在圆弧同心圆间距0.76mm处，做直径为4mm的轴，创建拉伸5，如图4-2-10所示。为了各结构部分转动折叠，其连接结构选用铰链结构。为了打印件的强度，最小壁厚应大于2mm。为了铰链结构转动灵活，各相对运动的相邻表面间距设计应大于0.25mm。

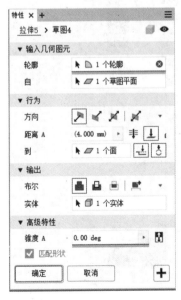

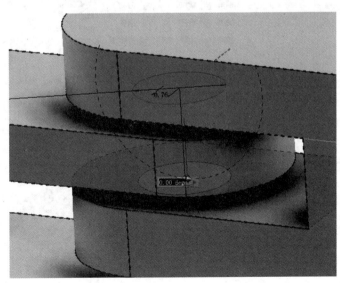

图 4-2-10

步骤 6：用差集布尔运算，切出铰链连接的孔结构，孔的直径为 5.5mm，创建拉伸 6，如图 4-2-11 所示。

步骤 7：阵列铰链连接结构基本体，进行草图驱动整列，如图 4-2-12 所示。

步骤 8：在指定平面建立二维草图，投影圆弧，选择点，与圆心距 41.7mm，如图 4-2-13 所示。

步骤 9：单击草图驱动阵列，选择多个特征，草图点击步骤 8 的二维草图点，如图 4-2-14 所示。

步骤 10：重复步骤 7 到步骤 9，进行第 3 个特征阵列，如图 4-2-15 所示。

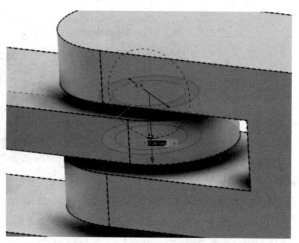

图 4-2-11

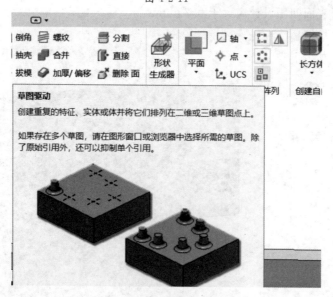

图 4-2-12

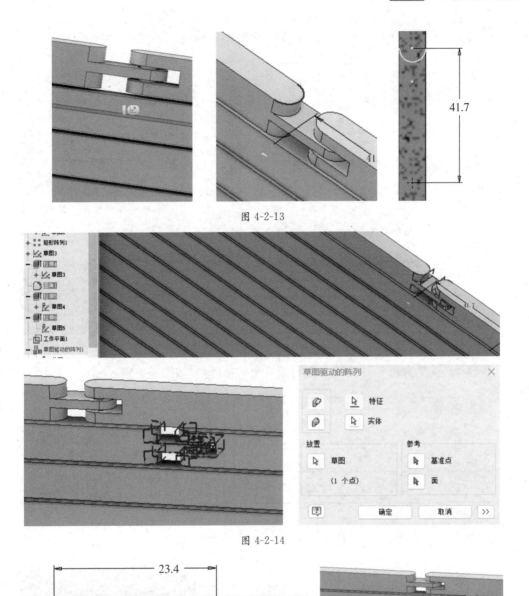

图 4-2-13

图 4-2-14

图 4-2-15

步骤 11:重复步骤 7 到步骤 9,进行第 4 个特征阵列,如图 4-2-16 所示。

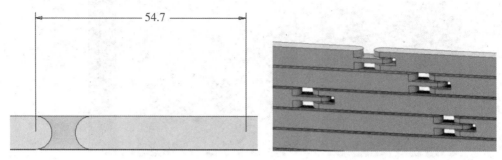

图 4-2-16

步骤 12:重复步骤 7 到步骤 9,进行第 5 个特征阵列,如图 4-2-17 所示。

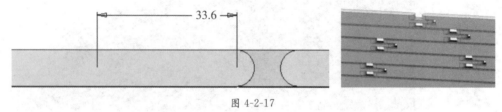

图 4-2-17

步骤 13:重复步骤 7 到步骤 9,进行第 6 个特征阵列,如图 4-2-18 所示。

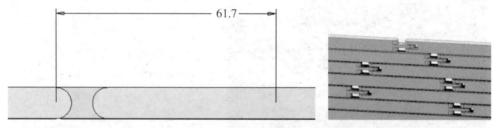

图 4-2-18

步骤 14:重复步骤 7 到步骤 9,进行第 7 个特征阵列,如图 4-2-19 所示。

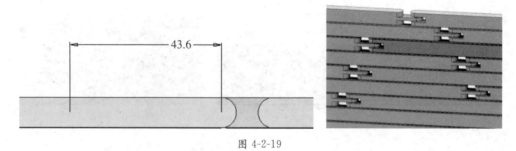

图 4-2-19

步骤15:重复步骤7到步骤9,进行第8个特征阵列,如图4-2-20所示。

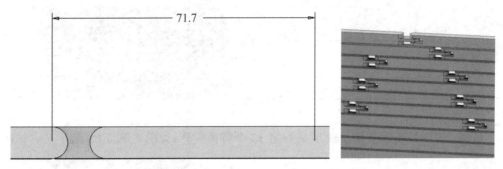

图 4-2-20

步骤16:重复步骤7到步骤9,进行第9个特征阵列,如图4-2-21所示。

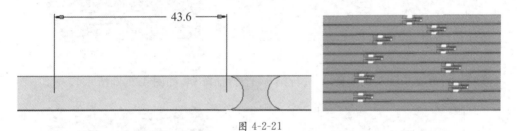

图 4-2-21

步骤17:重复任务7到任务9,进行第10个特征阵列,如图4-2-22所示。

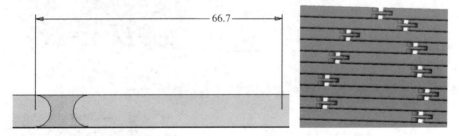

图 4-2-22

步骤18:重复步骤7到步骤9,进行第11个特征阵列,如图4-2-23所示。

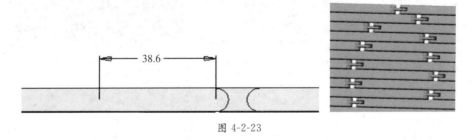

图 4-2-23

步骤 19:重复步骤 7 到步骤 9,进行第 12 个特征阵列,如图 4-2-24 所示。

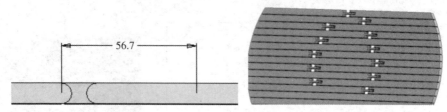

图 4-2-24

步骤 20:重复步骤 7 到步骤 9,进行第 13 个特征阵列,如图 4-2-25 所示。

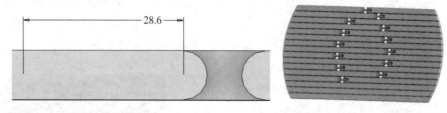

图 4-2-25

步骤 21:重复步骤 7 到步骤 9,进行第 14 个特征阵列,如图 4-2-26 所示。

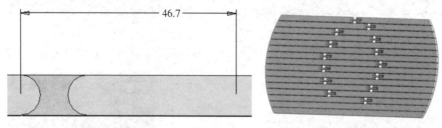

图 4-2-26

步骤 22:重复步骤 7 到步骤 9,进行第 15 个特征阵列,如图 4-2-27 所示。

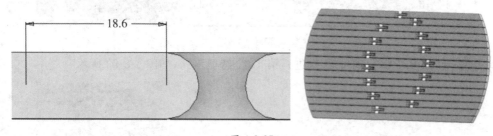

图 4-2-27

步骤23：根据步骤9，选择多个特征，进行镜像阵列，选择 XZ 为镜像平面，如图 4-2-28 所示。

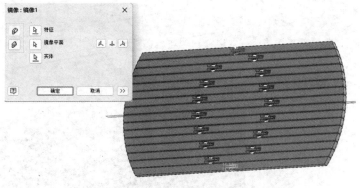

图 4-2-28

步骤24：选择 XY 平面，建立两侧特征，如图 4-2-29 所示。

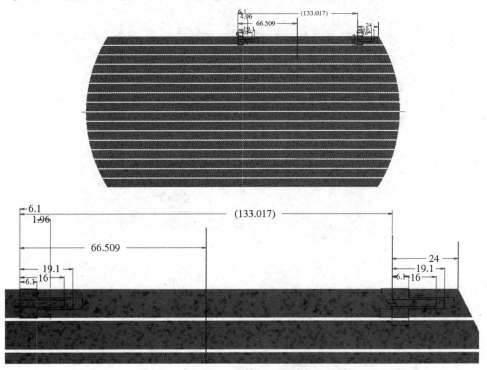

图 4-2-29

步骤25：创建拉伸3，选择两边方向拉伸，如图4-2-30所示。

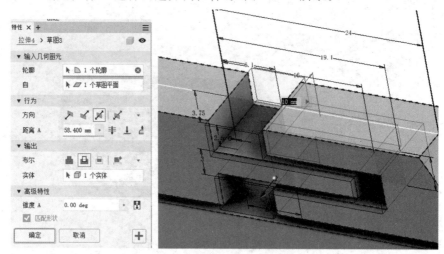

图 4-2-30

步骤26：为了转动灵活，将会接触到的角进行倒圆角处理，如图4-2-31所示。

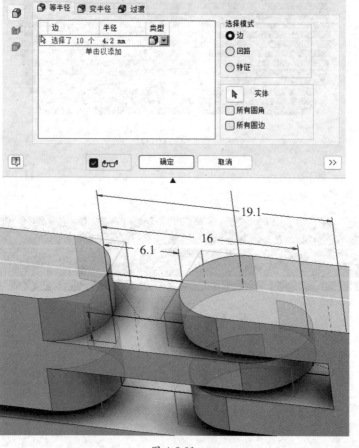

图 4-2-31

步骤27：在指定平面中创建草图，如图4-2-32所示。

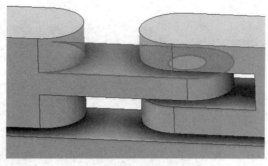

图 4-2-32

步骤28：用联集布尔运算，建立铰链连接的轴结构，在圆弧同心圆间距0.76mm处，做直径为4mm的轴，创建拉伸5，如图4-2-33所示。

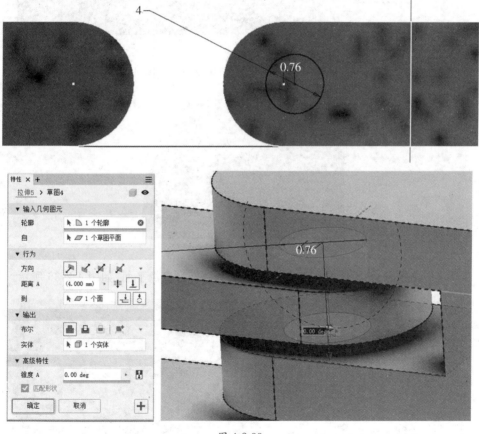

图 4-2-33

步骤 29：用差集布尔运算，切出铰链连接的孔结构，孔的直径为 5.5mm，创建拉伸 6，如图 4-2-34 所示。

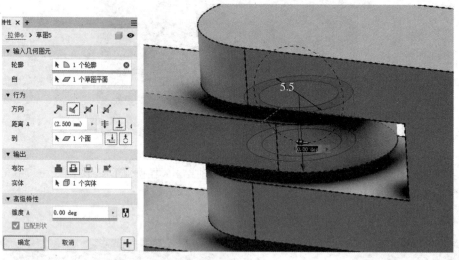

图 4-2-34

步骤 30：重复步骤 7 到步骤 9，进行后面的特征阵列，如图 4-2-35 所示。

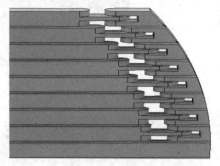

图 4-2-35

步骤 31：选择多个特征，进行镜像阵列。选择 YZ 为镜像平面，如图 4-2-36 所示。

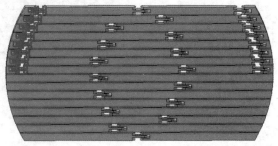

图 4-2-36

步骤 32：选择多个特征，进行镜像阵列。选择 XZ 为镜像平面，如图 4-2-37 所示。

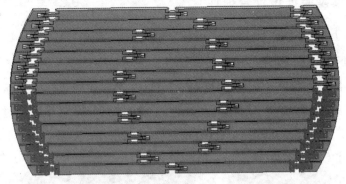

图 4-2-37

完成模型，如图 4-2-38 所示。

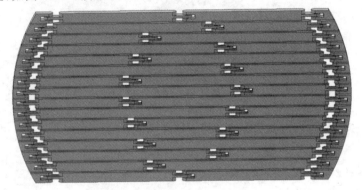

图 4-2-38

三、文件保存

将三维模型文件保存为".STL"格式，如图 4-2-39 所示。

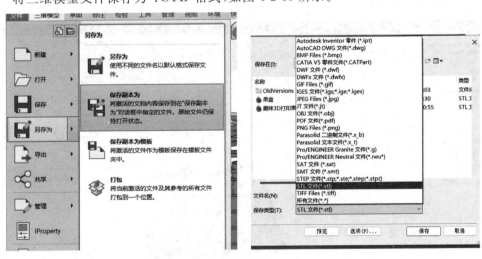

图 4-2-39

四、3D 打印模型验证设计合理性

运用创想 CT-300 FDM 打印机,采用渐变色的 ABS 打印材料。

(一)切片处理

将".STL"格式文件导入 3D 打印机切片软件,并按照如图 4-2-40 所示的位置进行摆放,此位置可以减少支撑结构,减少打印时间和后处理时间,并保证打印过程中打印机的稳定。

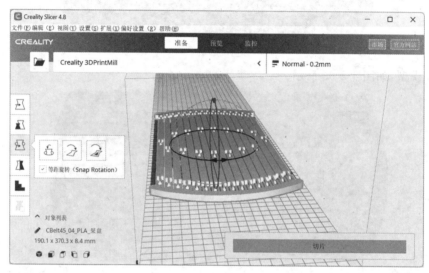

图 4-2-40

(二)设置底板、支撑、预览、保存到文件

因此摆放位置很稳定,且打印件底面是个较大的平面,可以不用设置底板,支撑结构也可以选择较疏松的形式,如图 4-2-41 所示。

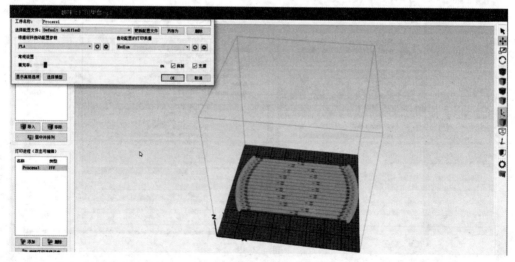

图 4-2-41

(三)打印

因果盘需要一定的强度和外观表面的光洁美观,设置打印参数时选用打印机可用的最小层厚值。选用有渐变色的 ABS 打印材料,如图 4-2-42 所示为打印过程中照片。

图 4-2-42

五、结果展示

如图 4-2-43 所示为打印件照片,图 4-2-44 所示为折叠过程照片,经折叠验证,设计的结构合理。图 4-2-5 所示为折成盘状的照片,图 4-2-46 所示为应用场景照片。

图 4-2-43

图 4-2-44

图 4-2-45

图 4-2-46

课后思考

(1)一体化结构的优点和局限性有哪些?

(2)借鉴此果盘创意思路,设计一款具有一体化结构的产品。

单元三　特殊造型产品

特殊造型
产品吊兰

由于3D打印用的很多材料都具有热塑性,因此可以对打印件进行热处理。下面以用3D打印制作如图4-3-1所示的吊兰盆景为例,介绍操作方法。

图 4-3-1

一、3D 打印工艺选择

从造型上看,叶片结构既薄又长且呈弯曲状,如果用粉末烧结方法,可以不用支撑,但三维建模较复杂,且打印件韧性较差。如果用光敏树脂采用光固化方法打印,三维建模较复杂、打印件韧性较差,且打印时需要支撑。考虑到减少支撑、打印件有一定韧性等因素,决定用 ABS 材料采用 FDM 打印方法。

二、三维建模

为了使花盆和植物拥有不同的颜色,并且考虑到打印时的出错可能,将花盆和植物分解为两个零件。

将叶片设计为垂直方向的薄片,以避免在打印时设置支撑。建模结果如图4-3-2所示。

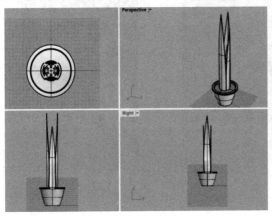

图 4-3-2

三、材料选择

因 ABS 材料熔点低、塑性和韧性好,故选用 ABS 材料。

四、打印参数设置

因叶片厚度只有 0.5mm,层厚设置为最小 0.1mm。

五、3D 打印过程

打印过程照片如图 4-3-3 所示。

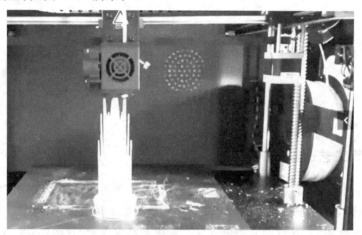

图 4-3-3

六、打印件后处理

用热风机加热打印件,或放到温水中浸泡,如图 4-3-4 所示。待材料变软后,再按照需要进行造型整理,过程照片如图 4-3-5 所示。

图 4-3-4   图 4-3-5

七、成品展示

将植物和花盆装在一起,3D打印吊兰盆景成品如图4-3-6所示。

图 4-3-6

课后思考

(1)比较各种3D打印工艺在制作吊兰盆景中的优缺点,使用另外一种打印方法制作一件3D打印吊兰盆景。

(2)设计一款产品,按照此任务的制作思路和方法,进行三维设计建模、3D打印和后处理造型。

3D 打印在
设备维修中的
应用(上)

单元四　设备维修

3D 打印在
设备维修中的
应用(下)

由于 3D 打印的工艺特性,非常适合个性化小批量生产,因此在设备维修方面具有很好的应用。下面以如图 4-4-1 所示的电梯梯箱内部的操作面板配件(边框)维修为例,介绍工艺方法。

图 4-4-1

一、数据采集

实际工作中,设备维修有两种类型:第一种是配件丢失、没有数据,需要根据其他零部件的装配关系进行设计;第二种是零件破损,需要制作。第一种情况需要采集其他零部件的数据,第二种情况需要采集破损零件的数据。

数据采集有两种方法:

(1)直接测量。对于尺寸小、形状简单的零件可以用游标卡尺等测量工具进行测量。电梯内部操作面板上的外框面盖零件丢失,因厂家已不生产此型号产品,购买不到配件,需要进行设计制作。因结构简单,采用直接测量方法获得尺寸,如图 4-4-2 所示。

图 4-4-2

（2）利用扫描仪扫描获取。利用扫描仪扫描获取零件三维数据，如图 4-4-3 所示。

图 4-4-3

二、三维建模

对应数据采集的两种方法，三维建模有两种方法：

（1）直接建模。

（2）通过逆向设计软件在扫描数据基础上进行建模。

零件采用直接建模进行设计，具体步骤如下：

（1）色彩设计。为了保持与电梯整体色彩的和谐，选用灰色系颜色。

（2）造型设计。外框面盖的造型延续电梯整体造型简洁大方的造型风格，采用方形。

（3）结构设计。操作面板的装配结构采用阶梯式的止口结构。运用犀牛三维建模软件进行建模。

三、三维数据导入切片软件

将三维数据保存为 .stl 格式文件，并导入切片软件，如图 4-4-4 所示。

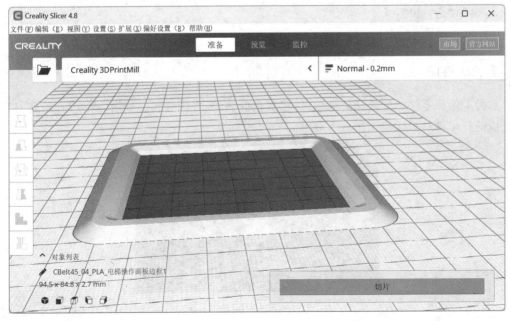

图 4-4-4

四、3D 打印参数设置

因配件造型简单,工作时不受力,选用创想的 CT300 FDM 打印机打印。为了打印件的强度和表面质量,设置打印层高为打印机的最小值,填充方式选择最密方式,如图 4-4-5 所示。

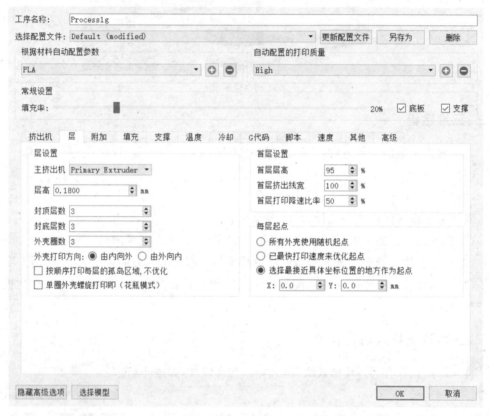

图 4-4-5

五、3D 打印

为了保证零件的强度和防老化,选用灰色的 ABS 打印材料。如图 4-4-6 所示,将打印完成的打印件从打印机工作台上取出。

图 4-4-6

六、后处理

利用尖嘴钳等工具拆除支撑和底板,如图 4-4-7 所示。用 800 目的砂纸抛光打印件表面,如图 4-4-8 所示。

图 4-4-7

图 4-4-8

七、安装

如图 4-4-9 所示为安装现场。如图 4-4-10 所示为安装好的效果照片。

图 4-4-9

图 4-4-10

课后思考

(1)在设备维修中,3D 打印的工艺种类怎么选择?

(2)找一款需要维修的产品,按照此任务的步骤,进行配件的数据采集、设计建模、3D 打印和安装调试。

个性化口罩
定制（上）

单元五　个性化口罩定制

个性化口罩
定制（下）

口罩定制的背景：

（1）口罩与人的面部轮廓不能完美贴合，密闭不严，戴久后使人产生局部压迫不适感。

（2）尺寸规格少，导致用户买不到合适的口罩。

（3）绝大多数口罩为一次性产品，不符合绿色环保需求。

定制口罩主要有以下步骤：

一、人脸扫描

首先运用扫描仪（先临三维的 EinScan H）对人脸进行扫描，得到人脸三维数据，如图 4-5-1 所示。

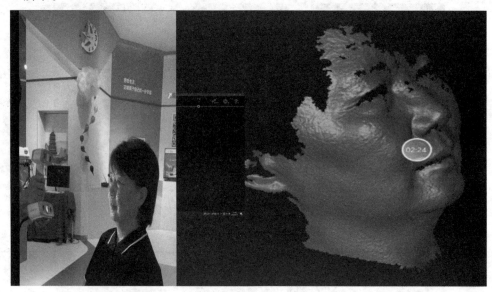

图 4-5-1

二、口罩与人脸贴合处的数据提取

口罩与人脸贴合处的数据提取有两种方法：一种为直接到犀牛等三维软件中利用投影等工具提取轮廓线；另一种为到杰魔等逆向建模软件中提取。

（1）导入人脸数据，将人脸扫描数据导入犀牛（Rhino）等三维软件，如图 4-5-2 所示。

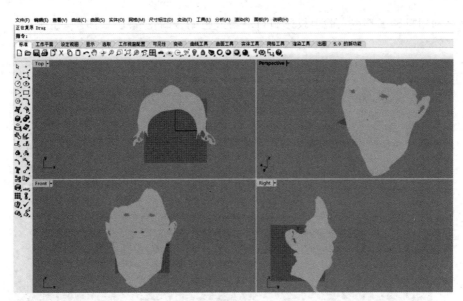

图 4-5-2

（2）在人脸前方画出口罩与人脸贴合的轮廓线，如图 4-5-3 所示。

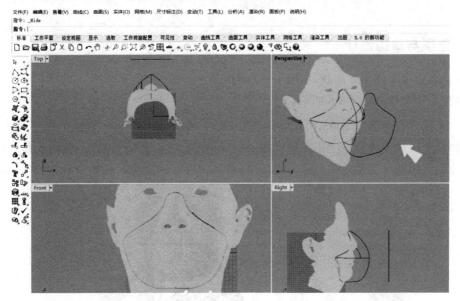

图 4-5-3

（3）利用投影工具在人脸上投影出口罩与人脸贴合的轮廓线，如图 4-5-4 所示。

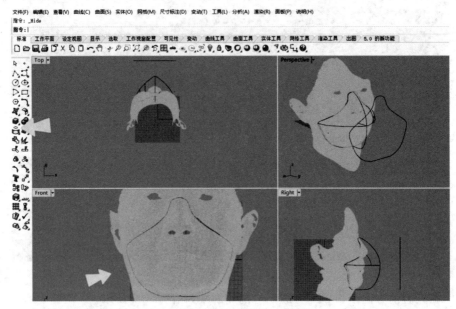

图 4-5-4

三、造型与结构设计

（1）再建出立体轮廓曲线，如图 4-5-5 所示。

（2）结构设计如图 4-5-6 所示。

口罩由下列零部件组成：硅胶条、滤网压紧环、滤网、口罩主体、绳子。在口罩主体的外表面的左右两侧设计 4 个用于固定绳子的环；在其对应口鼻处设计一组通气孔，在口罩内表面的一组通气孔的外围设计一圈凸棱；在其内表面的边缘处设置凹槽，用于安装硅胶条。在滤网压紧环上设计对称的 2 个耳环，方便将其从口罩主体上取下；将其截面设计成台阶状，用于与口罩主体内表面的凸棱配合，以压紧滤网。

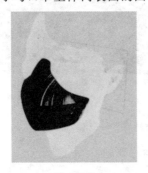
图 4-5-5

图 4-5-6

四、3D 打印

如图 4-5-7 所示。

五、效果展示

试戴效果如图 4-5-8 所示。

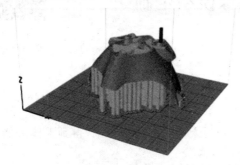

图 4-5-7

图 4-5-8

课后思考

(1)举例说明个性化定制的工作流程。

(2)举例说明为什么 3D 打印技术可以应用在个性化定制领域。

3D 打印 技术及应用

人头像模型
的 3D 打印

单元六　人头像模型定制

一、人体头部扫描

（1）首先运用扫描仪（先临三维的 EinScan H）对人体头部进行扫描，得到人体头部三维数据，如图 4-6-1 所示。

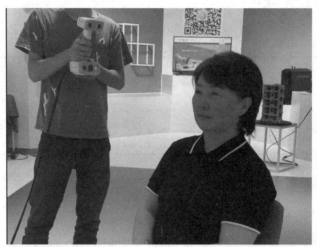

图 4-6-1

（2）生成点云数据，如图 4-6-2 所示。

图 4-6-2

— 130 —

(3)细节处理。

(4)数据封装,如图4-6-3所示。

图 4-6-3

(5)由中到高调整平滑度,如图4-6-4所示。

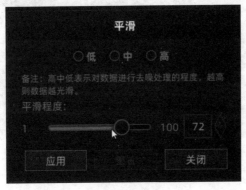

图 4-6-4

(6)保存为.STL格式文件。

二、模型制作

(1)将扫描数据导入犀牛软件,如图4-6-5所示。

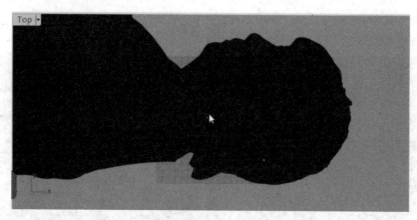

图 4-6-5

（2）调节模型大小与方向，如图 4-6-6 所示。

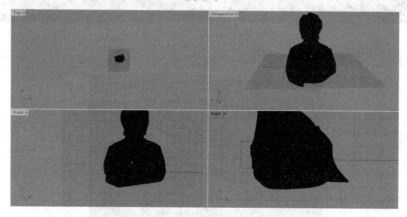

图 4-6-6

（3）用长方体切去底部，如图 4-6-7 所示。

（4）用长方体切去两侧，如图 4-6-8 所示。

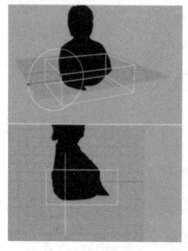

图 4-6-7

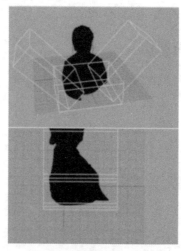

图 4-6-8

(5)布尔运算(差集),结果如图 4-6-9 所示。

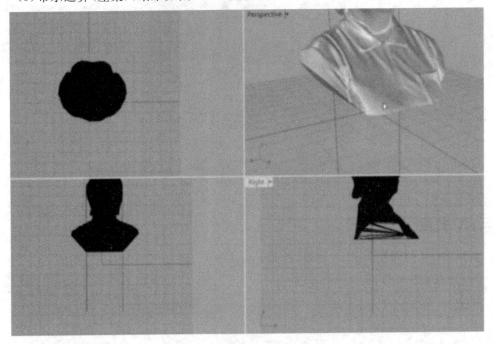

图 4-6-9

(6)添加底座,结果如图 4-6-10 所示。

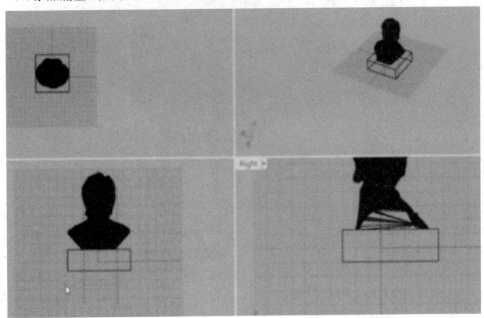

图 4-6-10

(7)导出、保存为.STL 格式文件,结果如图 4-6-11 所示。

图 4-6-11

三、3D 打印

应用 FDM 打印机和 PLA 材料,打印人体头像。

(1)导入切片软件,如图 4-6-12 所示。

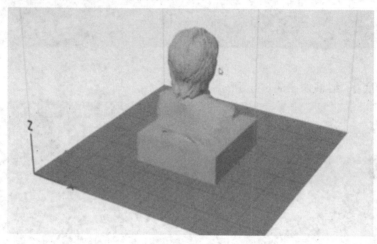

图 4-6-12

(2)设置打印参数,如图 4-6-13 所示。

工序名称:	Process1g			
选择配置文件:	Default (modified)	更新配置文件	另存为	删除

根据材料自动配置参数   自动配置的打印质量

PLA ▼ ⊕ ⊖	High ▼ ⊕ ⊖

常规设置

填充率: ▮   20%   ☑底板   ☑支撑

显示高级选项   选择模型   OK   取消

图 4-6-13

(3)打印预览,如图4-6-14所示。

图4-6-14

(4)保存为.GCODE格式文件。

(5)打印完成,如图4-6-15所示。

图4-6-15

(6)打印件后处理,拆去支撑和底板,如图4-6-16所示。

(7)成品展示,如图4-6-17所示。

图4-6-16   图4-6-17

课后思考

(1)采用不同的 3D 打印工艺制作人体头像模型有什么不同?

(2)运用此单元的方法制作一个模型,比如头像、手、脚等。

单元七　产品首版制作

3D打印技术在产品开发过程中的首版制作环节具有很好的优势,越来越多的模型制作企业采用3D打印来制作首版。下面以如图4-7-1所示的一款单手可以使用的剪刀为例,说明3D打印技术在首版制作方面的应用。

图 4-7-1

3D打印制作首版的步骤如下:

一、模型导入

3D打印产品时,需要将产品拆分成各个零件,分别打印。下面以剪刀的外壳为例,讲解3D打印过程。首先导入剪刀外壳的数据,如图4-7-2所示。

图 4-7-2

二、检查数字模型的完整性

数字模型必须是实体,不允许有破面或不封闭的面,在打印之前必须对模型的完整性进行检查。如图4-7-3所示,在Rhino中激活模型后,点击属性里的详细数据,弹出物件描述对话框。查看几何图形是否为实体,必须满足实体化建模。

如果检查后并非实体的情况时,如图4-7-4所示,要如何去解决这个问题呢?

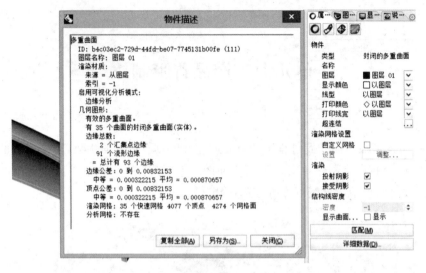

图 4-7-3

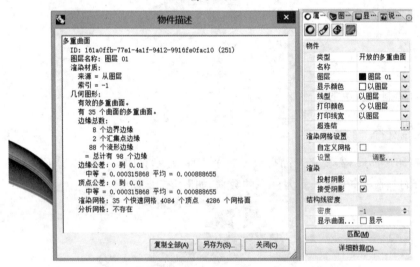

图 4-7-4

首先,用边缘分析工具检查模型有无外露边缘,如果有,则修复它,以满足 3D 打印的条件,如图 4-7-5 所示。在这个模型中,发现命令栏显示有 8 个外露边缘,如图 4-7-6 所示。

图 4-7-5

图 4-7-6

接着,修复有外露边缘的曲面。有两种方法:

第一种方法,用边缘工具编辑栏里面的"组合两个边缘"命令,去修复有外露边缘的曲面,如图 4-7-7 所示。

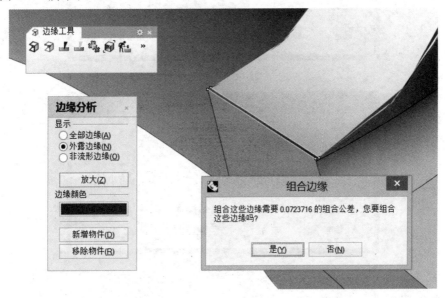

图 4-7-7

第二种方法,对面进行重新建立,使用双轨扫掠命令进行补面,如图 4-7-8 所示。编辑成实体后进行下一步 3D 打印操作。

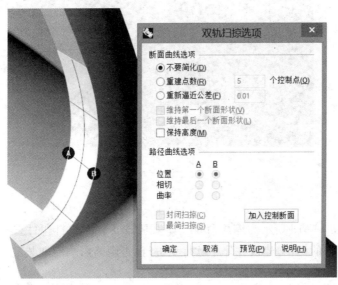

图 4-7-8

三、导出文件为.stl 格式

按图 4-7-9、4-7-10 所示设置文件，导出文件为.stl 格式。

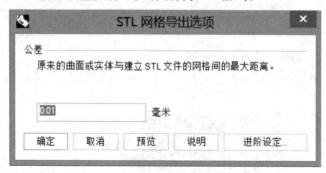

图 4-7-9

图 4-7-10

四、文件导入

将.stl 格式文件导入 3D 打印切片软件里，如图 4-7-11 所示。

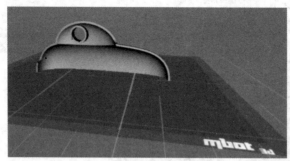

图 4-7-11

五、模型编辑

(1)缩放。图 4-7-12 所示为缩放命令。如果是需要装配的打印件，选择"保持比例"。如需改变打印模型的比例，建议在犀牛软件里进行，否则会影响后期装配。

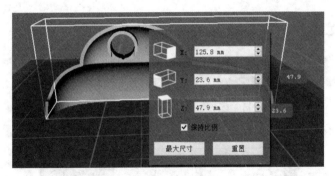

图 4-7-12

（2）摆放。模型的合理摆放，可以使打印出来的模型更加美观。在软件中可以对模型进行旋转、缩放、移动等操作。加支撑的面的表面粗糙、质量会较差，需要大量的后期处理，所以不应把打印件的外表面朝下这样放置的话，可以保证配合面质量。综合考虑，应将零件按照如图 4-7-13 所示的位置放置。

图 4-7-13

六、生成 G 代码

如图 4-7-14 所示，点击设置，这里选项为默认，加上底垫和支撑。（支撑在模型有悬空面的情况下考虑添加）

图 4-7-14

七、导出 G 文件

插入 SD 卡,导出 G 文件到 3D 打印机的 SD 卡,如图 4-7-15 所示。

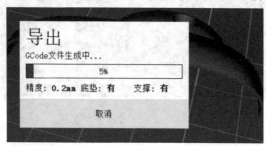

图 4-7-15

八、打印

利用铭展 CUbeⅡ打印机进行打印。

将 SD 卡插入打印机,打开机器。按中键打开 Print from SD,利用键盘的上、下键找到需要打印的文件,按中键,然后按确认键,开始打印,此时界面如图 4-7-16 所示。

图 4-7-16

如果在打印过程中出现错误则需要中途取消打印任务。操作如下:按键盘左键,使箭头指向第二个选项 Cancel Print,按键盘中键确定,选择 YES,打印任务将会停止。

九、铆钉的打印

打印时,将铆钉的头朝上放置进行打印,这样虽然支撑材料较多,但可以保证铆钉头的表面质量。如图 4-7-17 所示为带着支撑的铆钉;如图 4-7-18 所示为拆除支撑后的铆钉。

图 4-7-17

图 4-7-18

十、打印结果

将所有零件打印完成后,如图 4-7-19 所示。装配效果如图 4-7-20 所示。后处理工序:打磨、喷漆,在此不再叙述。

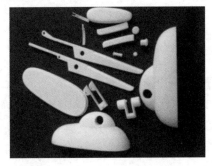

图 4-7-19

图 4-7-20

课后思考

(1)为什么 3D 打印技术在首版制作方面得到广泛的应用?

(2)用 3D 打印机制作一款自己设计的产品的首版。

单元八 腕部支具定制

腕部支具定制的背景：

(1)部分手腕受伤的人员需要腕部支具来支持病情的恢复。

(2)原有的制作方法不尽如人意,石膏材料的支具非常笨重,如图 4-8-1(a)所示;高分子夹板支具的制作与医师的技能相关,如图 4-8-1(b)所示;购买的通用支具护腕因不是根据患者的尺寸定制,影响疗效,如图 4-8-1(c)所示。

（a） （b） （c）

图 4-8-1

定制腕部支具的工作流程主要有以下步骤：

一、手腕扫描

首先运用扫描仪(先临三维的 EinScan H)对手腕部位进行扫描,如图 4-8-2(a)所示。得到三维数据,如图 4-8-2(b)所示。

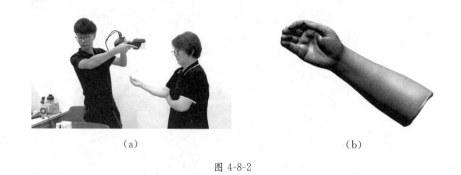

（a） （b）

图 4-8-2

二、支具与手腕贴合处的外形建模

支具与手臂贴合处的数据提取有两种方法:一种为直接到杰魔等逆向建模软件中提取;另一种为在犀牛等三维软件中利用投影等工具提取轮廓线。

（1）导入扫描的三维数据，将手部扫描数据导入到杰魔等三维软件，如图 4-8-3 所示。

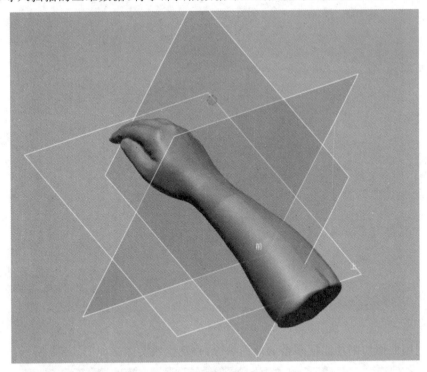

图 4-8-3

（2）使用自动曲面创建，一键建模出实体，如图 4-8-4 所示。

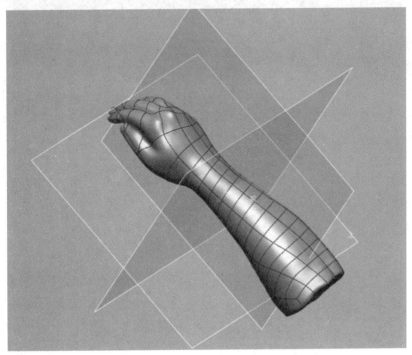

图 4-8-4

（3）利用曲面偏移工具在手腕上偏移出支具曲面，如图 4-8-5 所示。

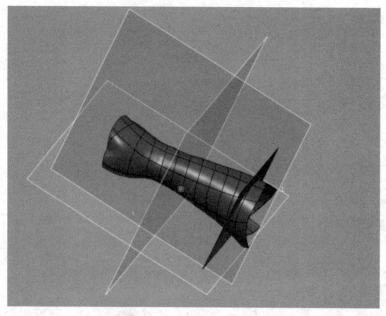

图 4-8-5

（4）利用曲面切割功能把多余的曲面去除，自动生成实体。如图 4-8-6 所示。

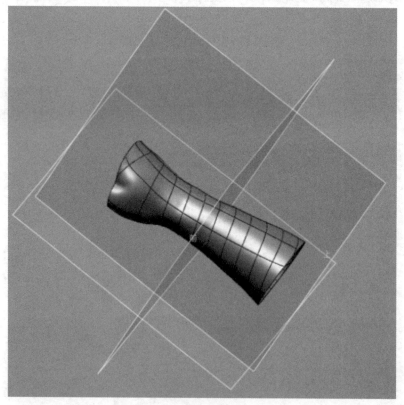

图 4-8-6

三、结构设计

(1)在整体居中位置做出平面,分割成上下两部分。如图 4-8-7 所示。

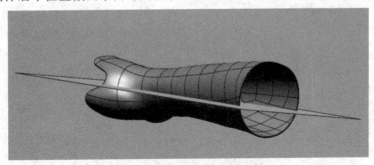

图 4-8-7

(2)利用分割上下两部分的平面切割出上下两部分的透气孔。如图 4-8-8 所示。

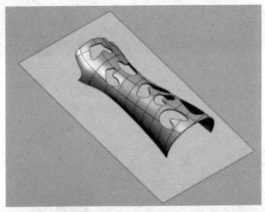

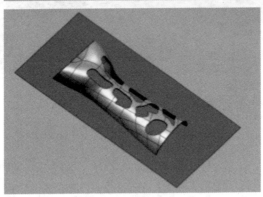

图 4-8-8

(3)在合适位置创建平面做出上半部分卡扣(4 个卡扣同理)。如图 4-8-9 所示。

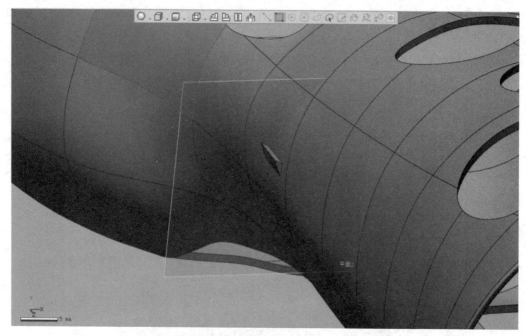

图 4-8-9

（4）在下半部分对应位置做出回扣，再在曲面上偏移出曲面切割多余部分，把切割出的部分与下半部分合并（4 个位置同理）。如图 4-8-10 所示。

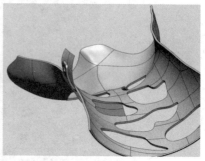

图 4-8-10

（5）最终成品如图 4-8-11 所示。

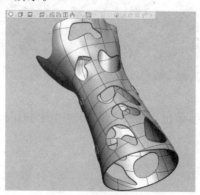

图 4-8-11

四、3D 打印

用光敏树脂材料打印,如图 4-8-12(a)所示为打印完成照片。打印完成后,需对打印件进行二次硬化,如图 4-8-12(b)所示。

(a)   (b)

图 4-8-12

图 4-8-13 为打印件实物展示。

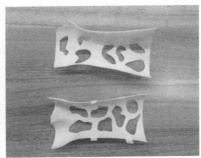

图 4-8-13

五、使用效果展示

使用效果如图 4-8-14 所示。

图 4-8-14

课后思考

(1)简述"自动曲面创造"命令的功能。

(2)简述逆向设计建模的工作流程。

单元九　利用 3D 打印技术创业

创新是社会发展的推动力,是创业的主要元素,创新和创业素质是我们实现自身价值的必要元素。如果你对 3D 打印行业充满信心,并决心在这片蓝海中开辟自己的事业,那么一台 3D 打印机便可以开启你事业的大门。

一、利用 3D 打印技术创业的背景

(1)产业链专业分工越来越细分和深入,促进 3D 打印行业多元化发展。

随着 3D 产业链上的专业分工进一步深化,出现了专业材料供应商和专业打印企业,产品设计服务将向下游消费企业和消费者转移。同时为 3D 打印产业提供支持服务的第三方检测验证、金融、电子商务、知识产权保护等服务平台不断涌现。此外,为了加快产品开发、改进产品性能、提高用户需求响应速度,汽车、电子、航天、医疗、制鞋等行业均在积极探索 3D 打印技术在实际生产中的应用,更大程度上促进了 3D 打印行业的多元发展。

细分市场是小微企业的生存场所,在自己熟悉的行业中非常容易积累经验,同时也能够快速地建立壁垒,帮助我们在以后的市场竞争中提高抗风险能力。

(2)打印工艺和材料种类越来越丰富,不断推动 3D 打印应用范围的扩大。

目前,3D 打印材料主要包括金属材料、高分子材料和陶瓷材料等,高分子材料仍是使用最多的材料。但金属材料增长很快,其使用率提高到了 36% 左右。金属材料的广泛使用带动了工业级 3D 打印机销售的增长,推动 3D 打印由消费级市场向高端制造市场拓展。生物材料的研发,推动 3D 打印技术在医疗和健康行业的运用,还有食品等领域的不断扩大。

(3)个性化需求量的提升推动 3D 打印市场规模增长。

随着社会的发展和生活品质的提高,消费者更加追求个性化的需求,3D 打印将与机器人、人工智能等技术协同,提高自动化生产线的柔性化程度,以更低的成本生产个性化定制产品。同时,使消费者根据自己的想法设计数字模型,建模后通过 3D 打印机创建实体。随着 3D 打印工艺设备、材料和打印件后处理技术的发展,必将不断促进 3D 打印行业市场规模的扩大。

(4)社会对 3D 打印技术的兴趣和需要越来越高,创新能力越来越强。

如图 4-9-1 所示为 2014—2022 年 3D 打印设备 & 技术相关专利授权数量(来源:南极熊、魔猴网、艾瑞咨询研究院自主研究及绘制),说明我国在 3D 打印相关方面的专利呈上升趋势,整个行业发展迅速,人们对 3D 打印技术的兴趣和需要越来越高。

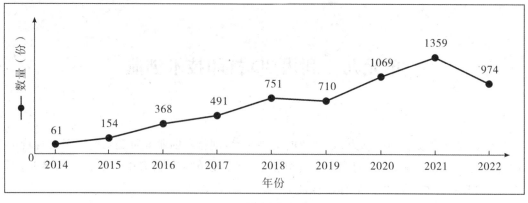

图 4-9-1

二、创新创业案例

3D 打印行业的优秀创新创业案例数不胜数,这里仅列举 5 个。

(1)三维打印工作室

四川理工学院,有一个名为盒子三维打印工作室的学生团队,他们通过不断摸索与创新,使工作室迅速成长为高新技术企业,研发的 3D 打印设备,仅 2016 年公司正式规模化生产的几个月间,营业额就已达 70 余万元。

(2)创想三维

2014 年,4 个 85 后在深圳的一场展会上相识,他们笃信 3D 打印未来,一拍即合,一起成立了一家叫创想三维的公司。目前,深圳市创想三维科技股份有限公司是全球 3D 打印机领导品牌,国家级"专精特新"小巨人企业,国家高新技术企业,专注于 3D 打印机的研发和生产,产品覆盖"FDM 和光固化",拥有 533 项 3D 打印机授权专利。目前自主研发制造的熔融沉积和光固化 3D 打印机在国内处于领先水平。公司一直致力于 3D 打印机的市场化应用,为个人、家庭、学校、企业提供高效实惠的 3D 打印综合方案。

(3)十维科技

北京十维科技是一家陶瓷 3D 打印机研发商,由于陶瓷耐高温和耐磨的特性,针对复杂的陶瓷零件,采用传统加工方式非常困难这一痛点,十维科技开发了 AUTOCERA 3D 打印解决方案。目前在生物医疗(牙科与骨科)、熔模精密铸造、高端陶瓷产品定制化等方向,与国内外科研单位和企业展开广泛合作,探索各种领域的应用。

(4)魔芯科技

2021 年,浙江大学的 00 后陈天润创办了魔芯科技,推出消费级的 3D 打印机 KOKONI。这款 3D 打印机在小米有品进行众筹获得超过 600 万元的支持,他们在 2 个月内完成了机器的交付。接着又获得数千万元的 pre-A 轮融资,截至目前,机器销量已突破几万台。

(5)漫格科技

漫格科技是一家上海本土专注于 3D 打印软件研发的公司,目前已经推出了 2 款软件，Voxeldance Additive 和 Voxeldance Tango。其中 Voxeldance Additive 支持 SLA、SLS、SLM 等主流 3D 打印技术，提供了导入、修补、模型编辑、分析、支撑、切片算法等模块，满足消费者 3D 打印前处理的几乎所有需求。

三、创新创业方向

利用 3D 打印技术进行创业和社会服务有很多方向，接下来介绍几种创业方向：

（1）制作、销售 3D 打印首饰、家居饰品和礼品定制

通过 3D 打印，制作出个性化定制的、具有唯一特性的首饰、配饰或装饰品，它们美观、价格低廉，且在市场上很受欢迎。比如 Melissa Ng 很喜欢有创意的可穿戴产品，于是她开了一家 3D 打印店，将设计的创意饰品打印出来进行销售，大获成功。

（2）定制游戏人物

游戏玩家会投入大量时间建立自己的游戏人物，通常也愿意花钱买高质量的游戏人物，因此这是一项非常好的 3D 打印业务。比如英国的 Whispering Gibbon 公司因其开发的 RenderFab 3D 软件，可将游戏内容转变成可 3D 打印的游戏人物数据，获得市场的肯定。

（3）成立 3D 打印自拍工作室

从二维的照片到三维立体的塑像，是科技赋予人们的精神享受。从事 3D 打印自拍业务不失为一个很好的选择。

店里放几台 3D 打印机，陈列着打印好的人物样本。如果消费者想要复制一个自己，只需穿上喜欢的衣服，戴上心仪的饰物，摆出独特的姿势，就可以开始了。

先是照相，对消费者进行 3D 扫描或从多个角度拍摄三维照片数据。接着经软件进行美化，然后 3D 打印机开始工作，一层一层打印出消费者的三维塑像。最后是上色。大约 3 周，就可以把"自己"拿回家了。本书前面的人像定制就是一个典型的例子。

（4）定制义肢和康复辅助装置

由于传统的义肢造价高，还容易引起并发症，人们对轻质价廉的义肢和康复辅助装置的需求巨大。3D 打印义肢的机构和企业越来越多，比如 e－NABLE、open Bionics 等。与传统义肢相比，3D 打印义肢成本低，定制化程度高，使用者佩戴舒适感大大提升。本书前面的腕部支具定制就是一个典型的例子。

（5）3D 打印三维地图

3D 打印地图可以更为完整地描绘出地形的地貌特征。芬兰公司 Versoteq 已为一家技术创新公司 Slush 制作了看起来很酷的 3D 打印触觉地图。可以向大型组织、企业或城市推出 3D 打印地图项目。3D 打印地图还有一个更崇高的目标：为盲人或视觉障碍人士提供 3D 打印触觉地图，利用免费、开源的地图数据，打印触觉地图，上面设计有凸起的街道和地形标识。

（6）时尚产品定制

3D 打印技术为时尚行业带来新的机遇。在巴黎时装周秀场上，从高级定制时装品牌

迪奥的德比鞋,到丹麦时尚品牌 Rains 的厚底鞋,人们看到了多款 3D 打印鞋的身影。3D 打印技术正在鞋类甚至时尚领域大放异彩。

(7)创造个性化膳食

食品打印是 3D 打印技术领域一种相对较新的项目。美国哥伦比亚大学研究团队在其公开发表的论文中称,他们的 3D 打印机使用全麦饼干、花生酱、榛子巧克力酱、香蕉泥、草莓酱、樱桃糖浆和糖霜这 7 种原料制作出了芝士蛋糕。团队认为,激光烹饪和 3D 打印食品,能让厨师在毫米级的尺度集中食材的香气和质感,创造出全新的美食体验。

(8)3D 打印服务

这相对于很多在行业积累并不充分的人来说无疑是门槛最低的选择,最常用且应用最广的包括手办、楼盘模型、展览模型需求等。可以为用户打印三维模型。如图 4-9-2 所示为一款学生设计的早餐机打印模型。

图 4-9-2

(9)3D 打印体验、创客教育

目前 3D 打印仍是一个新兴的知识领域,是个朝阳产业,越来越多的人希望学会这项技能,这样就不需要将 3D 打印项目外包出去,而是由自己完成。3D 打印课程可以在网上以视频教学的形式开展,也可通过面授的形式进行。向别人传授知识,无论从何种意义上来说都是值得的。为个人、儿童、学生或小企业传授 3D 打印知识,可以帮助人们获得有用的技能,同时提升自己的价值。

课后思考

(1)在现实中调研一家利用 3D 打印相关技术进行创业的公司,并撰写调研报告。

(2)结合自己的兴趣和现有条件撰写一份利用 3D 打印相关技术进行创业的创业计划书。内容包括:项目介绍、行业分析、运营模式、财务分析、团队优势、存在风险等。

模型数据文件列表

序号	名称	简介	二维码
1	果盘	3D 打印一体化结构可折叠收纳的果盘。	
2	吊兰	可以采用 FDM 打印方法打印的吊兰。	
3	克莱因瓶	一个具有内外表面的没有边的曲面体。	
4	鲁班凳	用一体化结构设计的可折叠收纳小凳子。	
5	毛毛虫	用一体化结构设计的身体可活动的毛毛虫。	
6	幸运球	具有镂空结构的多层套叠工艺球。	
7	月季花	形态逼真的盛开的月季花朵。	
8	金刚杵	具有内嵌球珠的对称型金刚杵。	

序号	名称	简介	二维码
9	倒流壶	采用小象造型的内外连通的倒流壶。	
10	手臂	真实手臂扫描数据,可用于3D打印或逆向设计。	
11	腕部支具(上)	逆向设计的腕部支具上半部。	
12	腕部支具(下)	逆向设计的腕部支具下半部。	
13	电梯操作面板边框	真实电梯操作面板边框数据模型。